# 软件开发之殇

申思维 著



清華大學出版社
北 京

## 内 容 提 要

本书作者在软件行业从业、创业多年，对中国的软件开发领域理解非常深刻，对这个行业的前景和职业规划有着非常独到的见解。本书可以让大家知道这个行业整体是什么样的。只有了解了这个行业，才能更好地从事这个行业。

本书分为 6 章，内容包括程序员的职业规划、给程序员的职业成长建议、给程序员的技术建议、如何管理技术团队、国内软件开发之殇、软件外包公司生存指南。

本书既适合准备从事软件开发的求职者、软件开发从业者、项目经理和软件公司的管理人员阅读，也适合其他想要了解这一行业的人士阅读。



**图书在版编目（CIP）数据**

软件开发之殇 / 申思维著.—北京：清华大学出版社，2019
ISBN 978-7-302-52698-8

Ⅰ. ①软…　Ⅱ. ①申…　Ⅲ. ①软件开发　Ⅳ.①TP311.52

中国版本图书馆 CIP 数据核字（2019）第 057417 号

**责任编辑：** 夏毓彦
**封面设计：** 王　翔
**责任校对：** 闫秀华
**责任印制：** 宋　林

**出版发行：** 清华大学出版社
网　　址：http://www.tup.com.cn，http://www.wqbook.com
地　　址：北京清华大学学研大厦 A 座　　邮　　编：100084
社 总 机：010-62770175　　邮　　购：010-62786544
投稿与读者服务：010-62776969，c-service@tup.tsinghua.edu.cn
质量反馈：010-62772015，zhiliang@tup.tsinghua.edu.cn

**印 装 者：** 三河市国英印务有限公司
**经　　销：** 全国新华书店
**开　　本：** 170mm×240mm　　**印　张：** 13.75　　**字　数：** 308 千字
**版　　次：** 2019 年 7 月第 1 版　　**印　次：** 2019 年 7 月第 1 次印刷
**定　　价：** 49.00 元

---

产品编号：078572-01

# 前言

Preface

软件开发是一个很有意思的行业。

自从笔者工作后总有些朋友来咨询：“我们家的孩子特别内向，也不知道该学什么，不如让他去学计算机如何?”

看到过程序员的自我介绍：“我性格内向，喜欢跟电脑打交道，喜欢编程……”

国内的软件行业又跟国外非常不一样，从业人员不同，行业氛围不同，能力水平不同，大众对于这个行业的基本认识又特别不正确。

这本书是写给三类人看的：

1. 想从事计算机行业的应届毕业生和想转行的朋友。
2. 想做互联网创业的老板。
3. 身处软件行业几年但是比较迷惑的人。

书中有很多例子，只是缘于负面的例子都是不方便细说的（例如失败案例等），所以笔者用“老王”“小李”“某公司”来代替。这些都是真实的案例。

笔者写过不少技术书籍和教程，但是在写作本书时感觉线索最凌乱。很多想表达的话难以归类，因为会出现在多处；很多关键的思路也是需要从头贯穿到尾，所以梳理本书的目录颇费了一番脑筋。后来深入思索一下，软件开发就是这样的，处处都是知识点，到处都是需要留意的陷阱。无论是做程序员、做技术团队的领导者，还是自己开软件公司，都需要注意方方面面。

申思维

2019 年 5 月

# 目录

Contents

# 第 1 章 程序员的职业规划

本章适合所有读者，尤其适合面临 IT 领域的择业者。不论你是一名刚毕业的应届生，还是一名从其他行业转入软件行业有一定经验的人士，都可以读一读。

对于正在纠结“测试还能干多久”的 IT 边缘领域的人员也非常合适。

## IT 从业人员的职位介绍

很多同学在入行之前，实际上处于一个懵懵懂懂的状态。看到别人做 Java，自己也去做 Java。看到别人说 PHP 是世界最好的语言，于是自己也投 PHP 职位的简历。这样是不行的。可能浪费几年时间之后才发现这个职位不适合自己，到时候回头就比较晚了。在软件开发的世界当中，目前有下面几种职业新人可以直接上手。

### 开发人员

程序员是所有职业方向当中对于技术最看重的职业。它的入门门槛不高，但是想做好的话门槛又特别高。

对人最大的要求就是：

1. 脑子要灵活。
2. 英语要好，起码有 CET4 水平。

3. 要有一定的沟通能力。

这个职业可以保证你未来十年左右拥有比较体面的工作，可以坐在上档次的5A级写字楼跟团队谈论一些看起来很高大上的东西，做得好的话还很受人尊重。

这个职业带来的缺点也很明显：回报率看似高，实际低。如果在一线城市工作，拿到的工资虽高，但用于租房、买房等方面的开销是巨大的，甚至很可能工作十年也没有办法在北京、上海这样的城市买到房。

在手艺方面：跟医生律师一样越老越吃香。不同之处在于：中年程序员在中国是要失业的——各个软件公司招聘的基层职位，不会找十年以上工作经验的人做程序员。

程序员可以根据语言分类，也可以根据前端和后端分类。所以，大家先要了解这个职业的分类。

1. 移动前端：用于移动设备或者浏览器上的编程语言，例如Android设备上的Java、iOS设备上的Object C、Swift，以及H5页面上的JavaScript、CSS等。

2. 移动后端：用于服务器端运行的程序，例如C/C++、Java、Python、PHP、Ruby、C#、Erlang、Scala、Node等。

3. 桌面应用：例如C、Java、QT、TCL、VB、Delphi等。

对于现在的形势来说，做互联网相关的开发机会更多，很多人在从事移动前端和移动后端的开发工作。

根据我们之前的统计，在北京2014年到2016年大约每年都会由培训机构提供一万名以上的前端开发工程师。他们的开发语言几乎都是Android或者iOS。对于一些大公司（有自己的产品），往往喜欢招移动后端或者桌面应用方向的人，例如C、QT，这样的工作不太好换。

对于一线城市的程序员，为一个雇主工作的时间不会超过一年半，换工作时最大的忌讳就是转行（例如从后端转型到运维），或者是更换编程语言（例如从 Java 更换到 C#）。如果一个人之前做前端，他想跳槽去做后端，那么在新公司的工资就会大打折扣，因为他并没有这方面的工作经验。

所以大家在选择自己职业方向的时候，一定要用三五天的时间去了解这门语言，看一下是否适合自己：

- 喜欢 Mac 设备的同学，可以去做 iOS 开发。
- 喜欢安卓产品的同学，或者对手机品牌没有什么要求，但就喜欢摆弄这些小设备的同学，可以去做安卓开发或者后端开发。
- 喜欢在大公司里一直做下去，追求稳定的同学，可以先投递大公司的简历，然后由公司决定，安排什么工作就做什么工作。

如果你什么都不了解，就想找一个很好就业的工作，建议去做移动后端的开发，这是软件行业的万金油。

### 测试人员

测试分成自动化测试和手动测试，这是门槛最低的职位。可能会有一定的偏见，不过在互联网公司做测试，每天的工作内容就是摆弄手机。

测试人员的日常工作是测试别人写好的程序，保证系统稳定运行，保证能够对某个软件的情况有清晰的了解。这个职位一般在大公司里才会有高级测试人员。在一般的互联网公司，测试就是最普通的人肉测试职位。

我非常不建议大家从事这个职位，因为不长久。这个职位往往干两三年之后，如果不升职成测试经理、不接触更高级的测试工具和方法，很容易就会面临失业。

如果希望在测试行业深入发展，就要多掌握一些自动化测试的技能和工具，早日脱离人肉测试。如果可以掌握一些性能测试、集成测试等工具就更好了。

很多公司都不会有长期的职位来招聘测试人员，往往都是外包职位，特别是外企，这样的情况很多。

若已经入了这个坑的测试同学，要认识到自己的危机，下班后抓紧时间自学，提高自己的实力，转头向产品经理或者程序员方向发展。

## 产品经理

产品经理负责把公司的某个想法做成精准实现的软件产品。

这个职位产生于老板的思维：在一家公司里，老板是最大的产品经理，但是老板往往没有足够的时间去设计某一个产品的各种细节。另外，传统企业的老板往往对互联网完全不了解，这个时候就需要一个人能够：

1. 代替老板来梳理细碎的需求。
2. 懂一些互联网的技术，可以及时给出合理的建议。
3. 跟整个团队沟通，搭建起老板和技术团队之间的桥梁。

产品经理一方面要深刻领悟老板的思路，另一方面又要可以把老板的思路转换成程序员可以理解的原型图，同时跟程序员团队一起工作，把产品开发出来。优秀的产品经理还要管理项目的进度，每日做必要的测试任务。

所以，在国内我看到的现状是：好的产品经理，具备做老板的潜质，因为他在工作的过程当中，既要涉及团队管理，又要涉及公司的战略定制，还要涉及产品线的整体把握，对人的要求很高，能得到非常好的锻炼。

如果你想从事软件行业，很想在互联网的方向做出一些事情，但是对程序不太感兴趣，又不想做一些低端的事情，可以选择这个职位。

这个职位需要跟程序员做大量的沟通，而程序员又是不好沟通的。当某个职业素养不高的程序员理论不过产品经理的时候，往往会用一些技术术语来搪塞，所以在国内的企业中产品经理要懂技术。

很多工作了两三年的人说自己要转型做产品经理，实践中他们也知道这个职位是干什么的。产品经理是我比较看好的非编程职位，有志于做老板的同学可以考虑。

## UI 设计师

每一个公司的产品，有一半的灵魂取决于 UI 设计师。这个职位对于公司非常重要，好的 UI 设计师可遇而不可求，比程序员大牛还难找。

如果你对美术设计很感兴趣，对于 App 界面美感很有自己的想法，又是一名科班出身的艺术院校毕业生，那么欢迎你从事这个职位，做得好的话，你会有很大的发展空间。

这个职位跟程序员一样，需要经过多年的磨练才能出师。一旦出师，就很容易自立门户。

这个职位的职责是根据原型图做出具体的界面设计，可能需要考虑如下问题：

- 这一行的文字用雅黑 15 号好不好？颜色用#eaeaea？
- 这个区域的矩形是不是应该加个边角线？边缘是 3px 的圆角？

工作的时候 UI 可能是最容易感觉到委屈的，可能他设计的作品，公司里的一号老板满意，2 号不满意，3 号满意，4 号又不满意，众说不一，可以说是非常虐心，特别是在有人提出“我想要色彩斑斓的黑色”时。

这个职位的需求数量，大约跟产品经理一样。它比较适合：

1. 艺术院校科班出身的毕业生。
2. UI 设计的狂热爱好者。

## 运维人员

运维这个职位门槛不高，比较偏门。

在过去的硬件环境下，传统语言的程序员没有太多的精力去掌握某个操作系统或者服务器，这个时候大公司为了维持系统日常工作，需要专门雇一批人来做这个事情，例如管理系统、上传文件、简单的指令操作、优化服务器的性能等。

这个职位需要具备的技能主要是操作系统、数据库和网络知识，几乎用不到 Web 开发的知识。

随着操作系统越来越简单，可能只有大公司才会专门配置一个团队，每个人负责一百个服务器。在中小型软件公司是不需要这个职位的。

工作内容就是部署代码，做 7×24 小时的响应，随时查看服务器的状态。由于要通宵，因此这个职位不适合女孩子。在软件公司，能不做就不要做，工资不高，也没有太好的发展。

我认识的做运维的同学，如果几年之后没有当上部门经理，基本都转型了，但往往转型也有些来不及，不好找工作。

### 用户体验师（UE/UX）

用户体验师负责设计良好的用户体验，也属于流程改进人员，只有大公司才有这个职位。工作内容是改进用户体验，让某个流程从点三下鼠标变成点两下鼠标，让用户觉得某个产品好用。

让产品经理或者 UI 设计师来兼职是最好的，不要专门雇一个人来做这个事，浪费资源。

很多时候，产品经理或者 UI 设计师都可以兼任这个职位。不建议大家考虑这个职位，除非条件很优厚。

### 技术经理

技术经理职位是笔者大力推荐的。每个上进的程序员做三年以后都应该带团队，独立负担起几个项目，成为公司的顶梁柱。

往往这个职位是为工作三到五年的人准备的，工作职责是：

1. 负责整个项目，保证项目的顺利交付。

2. 负责管理团队，培养新人。

3. 在技术层面可以解决任何问题。

这个职位的待遇比基层程序员有明显的提高。未来的职业发展方向是 CTO 或者技术合伙人。

### 架构师

架构师是五年以上的老兵才能胜任的职位。工作职责如下：

1. 对某个项目做顶层设计。
2. 确定使用哪些第三方包。
3. 划分前端、后端。
4. 做系统不同部分的耦合和关联。

架构师在十年以前就注定要淘汰了。在十年后的今天，很少有人说自己的职位就是架构师。只负责架构，不写代码，这是完全不合理的。

这个职位在日本外包项目中很流行，往往是由日本的架构师把大体的架构都设计出来，甚至包括某个按钮上的文字都要一丝不苟地画出来，然后把设计图交给国内的软件公司来做。

这就存在一个巨大的矛盾之处：软件项目非常复杂，在系统架构中的粗粒度层面完全看不到细节中潜在的问题。很多问题只有在代码写了一大半之后才会凸现出来，这时能做出正确决策的人，只有可以接触到代码的一线基层员工。

现在，随着编程技术的发展，编程的门槛越来越低，跟架构相关的很多工作都可以交给一线程序员或者技术经理去完成。目前日本的企业也逐渐把架构师的工作交给团队的核心开发者去做，架构设计也不太细了。

如果架构师想跳槽，建议直接去做技术经理或者 CTO。从公司的层面来看，没有必要安排这个职位。

## 如何选择编程语言

C 和 Java 这样的语言属于编译型语言，它们的特点是：语法复杂，比较底层。C 和 Java 语言都涉及：

1. 指针。
2. 内存回收。
3. 性能的优化问题。

掌握这种传统语言的时间往往在三年以上。我的大学班主任说她做了十年 C 开发，才觉得自己对 C 算是掌握得不错了。

Python、Ruby、Node 这样的脚本语言不需要编译，可以立刻运行。这样的语言语法简洁，掌握的时间更快一些，开发效率很高，特别是 Rails 的 Web 开发效率，是已知 Web 框架中最高的。

对于 iOS 平台，只能用 Object C 或者 Swift，这种情况就无法选择。

对于 Windows 系统的平台，现在一般使用 C#做开发。

### 做 Web 后端开发建议选择 Ruby

往往代码少的语言好入门，代码复杂的语言不好入门、更不好提高。

Ruby 的语法是已知语言中最简单优雅、对程序员最友好的。其他语言十行代码才能搞定的问题，用 Ruby 语言一行代码就可以了。

Ruby 开发效率非常高，运行效率在绝大部分的 Web 场景也不差。著名的 Javaeye 论坛代表了国内最高的 Java 论坛水平，就是由范凯用 Ruby on Rails 开发出来的。

### 做 Web 前端（H5）建议使用 Vue.js、React

做 Web 前端，单页应用（Single Page App，SPA）是目前的开发主流。跟传统应用相比，单页应用的优点是：

1. 开发效率不慢。

2. 门槛不高，传统的 Web 前端开发者可以快速上手 Vue.js、React 框架。

3. 运行速度极快，用户体验极好。

目前 Vue.js 和 React 应用得非常广泛，建议使用。

### 做移动前端（App）建议使用原生语言和 React Native

移动前端（App 应用）的建议是：

1. 必须掌握一种原生语言（Android 或 iOS）。

无论怎样，原生开发是绕不开的。无论是使用 PhoneGap、Titanium 还是 React Native，进入高级阶段都需要原生组件的开发，这时如果看不懂原生代码，就完全无法进行下一步的工作。对于早期的 PhoneGap 甚至有用户评价：“一天编码，一个月填坑。”

Android 开发使用的是 Java 语言：优点是 Java 入门简单；缺点是过于底层，很多组件封装得不好，门槛较高。

iOS 开发使用 Object C 或者 Swift：优点是 iOS 的开发环境比较友好（比 Android 的开发和调试更加方便一些）；缺点是语言过于底层，门槛也较高。

这两种语言，每种至少需要你经过 2~3 个项目来磨练，才能说得上是基本掌握。

2. 必须掌握 React Native。

（1）在大部分情况下，React Native 可以很好地支持移动端开发，运行速度跟原生语言几乎一样。

（2）React Native 的开发效率极高，一套代码适用于两端。

（3）很多第三方组件都有 React Native 的实现，例如支付、分享、地图等。

（4）目前大部分公司在招聘原生开发者时都会把 React Native 作为必要条件或者加分项。

3. 不要使用 PhoneGap、Titanium 框架，这些技术都不成熟。笔者曾经踩过坑，它们的缺点是：

（1）社区不成熟。缺乏第三方组件的支持，出了问题不知道该找谁。

（2）技术不成熟。PhoneGap 彻底不行了，运行速度极低。Titanium 性能很好，曾经是 React Native 的有力竞争者，但是社区太小，核心功能是闭源的，导致开发进展很慢，甚至很多问题需要使用原生技术才能解决。

（3）国内招不到人，想要新力量只能自行培训。

## 理想的职业发展路线

程序员的成长路线特点是周期长、见效慢、赚钱相对不多，好处是步调稳健。这个思路适合于：

1. 软件技术发达的一线城市。
2. 学习能力强的同学。

我们用下面这个小李同学作为例子。

### 第一阶段：新手

小李同学在 2005 年毕业的时候来到北京，开始新手程序员生活，拿的工资不高，属于技术底层。

在工作的第 1 年，学会了基本的网页后端技术，可以完成领导交给的基层任务。

在工作的第 2 年，学会了如何分析需求，可以解决一些中高级难度的问题。

### 第二阶段：熟手

在工作的第 3 年，小李同学知道了一些软件的高级知识：如何排查性能问题，如何做重构，如何做一些自动化的单元测试、持续集成。

在工作的第 4 年，不但会做后端，还会做一些前端的工作，前端的 JavaScript 框架用得有模有样。

这个阶段最明显的标志是：可以单独打起一个项目的大旗，老板越来越重视小李。

### 第三阶段：技术经理

在工作的第 5 年，小李同学负责的项目越来越多，于是开始带团队。这个阶段小李不但自己要承担起一个项目，还肩负着培养新人的任务，日子过得特别辛苦：加班多，活儿都自己干，还要分出时间教小弟。

带的小弟越来越多，小李慢慢也掌握了一套自己的办法，他把办法整理成文档，一套培训新人的教材就出来了。

### 第四阶段：创业公司 CTO 或大公司技术顶层

如果技术做得好、做得全面，很容易做到这一步。这个时候往往是工作了 7 年以上，要做的事儿很杂。

（1）30%用来开会、做决策。

（2）30%用来管理团队、管理项目。

（3）剩下的时间做一些自己的工作，做不完就要加班。

这种职位很忙碌、很累人，但成长得也非常快。

## 程序员的基本门槛

做程序员是有门槛的，不是每个人都可以做程序员。在我看来，程序员的门槛其实特别高。先对自己有一个清晰的认识再入行，会让你的人生少走很多弯路。

### 英语必须好

对于编程人员来说，可以在入门的时候读一些中文书。但是想进一步发展，会发现到处都需要用到英文。

例如，想用 Java 来读某个文件，如果把文件名称写错了，程序就会报错：

```
Java.io.FileNotFoundException: ……
```

英语不好的同学，可能会卡上半天。英语好的同学就完全没有障碍，看到这个报错可以立刻找到问题所在。

对于编程的初级阶段还好，各种简单的问题都可以通过“百度”这个中文引擎来找到答案；但是一旦进入开发的高级阶段，就会发现到处都是英文，利用百度还搜不出来。

这时必须依靠英文的搜索引擎（Google 等）来搜索，或者直接阅读英文文档。例如，市面上几乎没有公开文档的股票交易组件 TradingView，它的官方文档是纯英文的（如图 1-1 所示）。

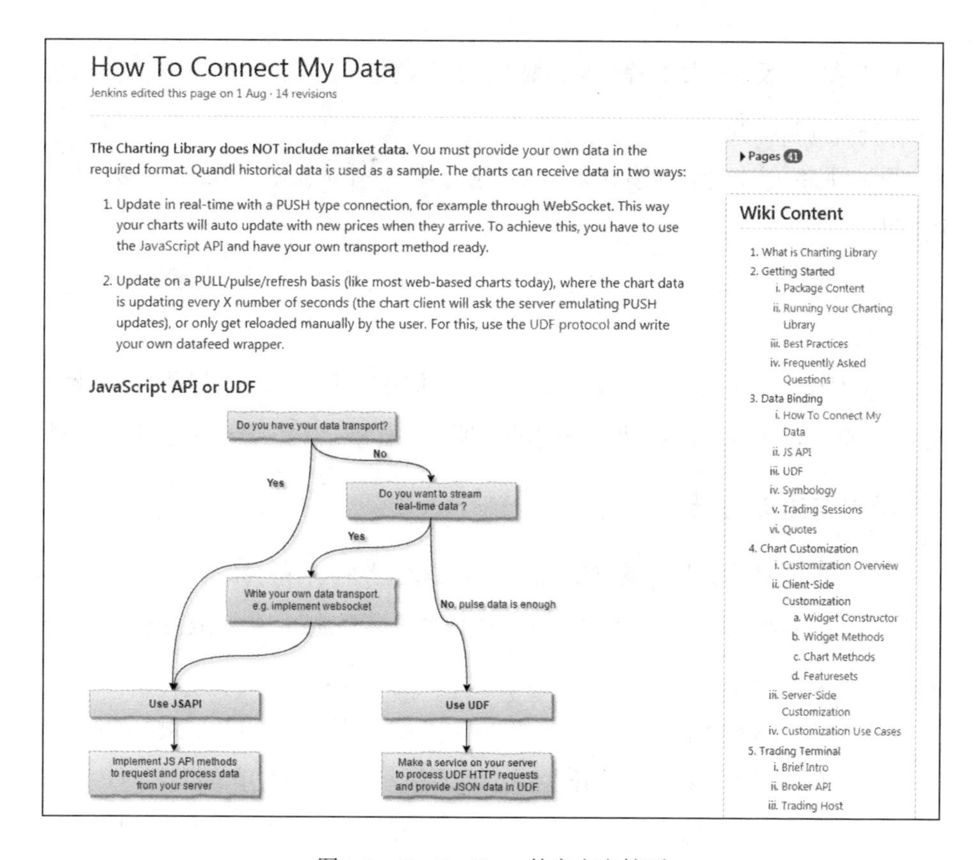


图 1-1　TradingView 的官方文档页

对于一个英语六级水平的人，没有 6 个小时的阅读是无法通读完毕的。对于没有过四级的人，靠翻译完全行不通。

所以，英语决定了一个程序员可以走多远。

## 思维清晰、反应敏捷

有的同学听课时，思路跟不上老师。有的同学不但跟得上老师，还往往能发现老师出现的错误，提醒老师下一步的思路。

好的程序员，就是后一种人。

思维清晰、反应敏捷的程序员，做事情几乎都是一点就通。给他一个方向，剩下的事他都能自己办完。

思维糊涂的人，让他做事就会让人特别痛苦。一个人做不了事，需求要交代几次才明白。

判断一个人思路是否敏捷清晰，有一个方法很好鉴别：口齿是否清晰，表述能力是否足够好。

如果某个人最多用三句话就可以把一件事说明白，那么这个人就是一个思路清晰的人。如果某个人啰啰唆唆地半天还没说明白一件事，那么这个人就是脑子迷糊。

### 表达沟通能力强

表达和沟通能力强是非常重要的因素。优秀的程序员可能会用60%的时间来沟通需求，剩下40%的时间用来做事。一个软件项目能否做好，完全取决于参与人员的沟通。

在软件开发过程中，绝大部分出现的问题，我们都要与人商量、跟人沟通。有沟通恐惧症的人是无法胜任软件开发的。“话痨”型程序员特别难得。

十年前我曾经跟ThoughtWorks的一些朋友沟通得比较多，这个公司中的员工都是非常擅于沟通、口才特别棒的人。

对于不擅长沟通的人，往往工作做不好，不受别人的待见。时间一长，这样的人就容易恶性循环，越不擅长沟通越不敢跟人沟通。

下面是一个优秀的程序员与人沟通的例子：

老板：我需要加个新功能，咱们的餐饮软件可以帮顾客点餐！

程序员：啊？“帮顾客点餐”是什么意思呢？是说可以向顾客推荐某个热门菜品吗？

老板：啊，对！

程序员：那么，这个热门菜品是由酒店的工作人员在后台设置的吗？

老板：啊，是的！需要他们设置一下！

程序员：好的。那么，现在后台有两个角色，分别是“收银员”和“领班”。是否他们都可以设置“热门菜品”呢？

老板：不，不，应该只有“领班”才能设置菜品。

程序员：好的，我还想问一下，顾客是在 iPad 上点餐的时候会专门看到一个标签页，叫“热门菜品”吗？

老板：先把推荐菜品做成一个醒目的标志吧，打开 iPad 的点餐 App 就可以看到！

程序员：好的老板，我明白了。

在这个例子中，老板先是提出了一个“一句话”需求，程序员根据这个需求来逐层推进，最终梳理出了自己需要的各种信息。

## 程序员的进阶门槛

程序员一定要考虑自己的前途和发展方向，不能一直做基层。向上的职位应该是技术经理。这个角色做大了，就是技术总监或者 CTO。

### 具备领导气质

一个人的能力是有限的。一个拥有十年经验的优秀工程师，在做普通难度的编码方面，也不如两三个普通人。

通常，一个项目中 70%左右的代码都是“普通难度”的代码，所以团队的力量就凸显出来了。你会发现一个 5 人精英团队做的事，比一个独行侠要多得多。

所以，要具备领导气质。因为一旦上级发现这个程序员是核心骨干，就会委以重任。最直接的就是让你做小组长。恭喜你，程序员的晋升之路开始了。把握好这个机会，努力培养自己的带队能力，你会发现自己的成就更多了。

如何获得领导的赏识呢？不要混日子，努力工作，让自己永远成为队伍的核心。

### 技术过硬

技术人员的世界观中没有“老资历”，实力是获得尊重的唯一标准。一旦你当上了 Team Leader，就必须具备远超他人的技术实力，例如：

- 对语言的高级特性掌握得清楚。
- 能够及时处理其他人遇到的编程难题。
- Linux 技巧出众，能够轻松化解服务器的压力。

只有这样，才能让你的团队成员服气，团队才能在你的带领之下成长。否则，一旦队伍里其他人发现你的大部分技能实力还不如他们，队伍就不好带了。

## IT 从业人员的去路

这个问题没有精准答案，因为几乎无法统计。下面笔者根据自己圈子中的经历和知乎上广大网友的经历总结一下。

随着年龄的增长，IT 从业人员总共约有三种出路：

- 继续干 IT 相关领域。
- 小幅转行。
- 大幅转行。

### 继续做 IT

1. 做得好的可以继续在企业中打工，成为技术经理、技术总监，比例大约为 1/10。

2. 创业，做技术合伙人、CTO，大约 20 个人中会有一个。

3. 做得普通的就继续划水、做基层员工。这样的基层程序员，年纪不会超过 35 岁，之后就会被裁员。这种人基本就是混日子的，身边的那些油腻大叔，工作起来没有激情，准点下班回家买菜接孩子的人，领导都可能会小他几岁。

### 小幅转行

虽然人还在 IT 行业，但是做的事情跟之前的经验没有任何关系。

1. 从前端转岗做产品经理、测试或者销售。
2. 做培训讲师。

### 大幅转行

这种情况算是彻底离开了 IT 行业。

1. 读书，读 MBA 或者考研。
2. 考公务员，全职开淘宝店，或者回老家种地。
3. 移民出国。

## 不看好的职业：测试、运维、架构师

测试、运维、架构师，这三种职位的共同特点是：一般只存在于大型的软件公司（例如百人以上）。

如果你是一名职场新人，不建议你投上面任何一个职位的简历。如果你是老鸟，可以去做架构师。

### 测试

测试的基本功是人肉测试。好的测试人员需要熟练运用自动化测试工具。

可惜的是，在大型外企、国企和国内龙头互联网企业中的绝大部分测试人员都是刚毕业的年轻人，没有接触过自动化测试工具，也没有专业的测试素养。

所有的工作都是人肉来做，在项目上线之前通宵加班。他们的工作内容也很简单：用鼠标或者手指点点点。这个事情是不是可以换成初中生来做？

这样的工作是没有技术含量的，而且特别容易造成与程序员的摩擦。曾经有一个朋友，是一个技术好手，测试人员一天给他提了 200 个不是 Bug 的 Bug。沟通无果后这位朋友离职了，原因很简单：工作没法干。

虽然测试人员的工作是找出系统的 Bug，但是从实际效果上看，测试跟开发是冤家，两者和谐共处的不多。

在我看来，一个好的项目经理外加一个懂得测试的程序员完全可以承担传统测试人员的工作。而且由产品经理来把握需求或者 Bug 的优先级是更加合适的。

测试同学可以在大公司里养老，但是一旦离开大公司就肯定找不到工作。创业公司不会有钱雇用测试人员。笔者十年前做测试的朋友基本都转行了，还在做测试的不到十分之一。

评判一个测试人员的实力其实很简单：看看自己会不会 Selenium 、Appium、Load Runner、JMeter 这类工具。如果都不会的话，赶紧转行。

如果会的话也没什么，程序员掌握这些工具比测试同学上手更快、学得更深、用得更好。

### 运维

运维的工作包括：

1. 管理服务器和域名。
2. 分配各种账号。
3. 部署最新代码。
4. 维护 wiki、防火墙，解决宕机问题。
5. 需要 7×24 小时值班。

6. 优化 Nginx、Tomcat、MySQL 等服务器。

其实这些工作中，很多都是对程序员和服务器之间的阻碍，直接导致程序员的工作效率降低和出错时的各种推诿，没有什么技术含量，基本都是体力活。

在 BAT 这样的大公司会比较有用，但是在其他公司（日访问量 100 万以下）基本没有用武之地。

上面这些工作内容，熟悉 Linux 的程序员都会做，而且做部署、优化服务器的工作由程序员做会更合适，因为代码就是程序员写的，一旦发生问题，程序员可以分析日志，第一时间知道问题出在哪里。

加上短信报警等自动化的工具，也不需要 7×24 小时值班。

在工作中，运维人员虽然把 Shell、MySQL、Linux 命令弄的比较熟，好一些的略懂编程，绝大部分都不懂开发，出了问题除了看 CPU、网络、硬盘和进程之外，完全不会从代码层级入手解决问题。

最大的尴尬是运维人员除了 BAT 这样的大公司之外无处可去。职业没有出路、前景一片灰暗。

一个非常常见的情况是，出了问题之后运维人员需要为开发人员“背锅”。运维人员的尴尬如图 1-2 所示。

①
雇你们就是为了管好服务器，结果黄金时间服务器挂了！
老板，对不起！
②
昨天晚上到底是怎么回事？我看CPU，内存，网络都没问题啊！python进程看起来也正常。
是外部的一个Server API挂掉了，导致进程一直处于等待状态，这个看CPU怎么看的出来呢？
③
……

图 1-2　运维人员的尴尬

### 架构师

不要做只做架构的架构师，因为你无法知道第一线工程师面临的问题。

在十几年前，我们听到最多的是日本的软件公司，它们专门有一个职位叫架构师。收到需求之后，会对需求一个模块一个模块地做分析，然后设计，从框架到伪代码，甚至到某个按钮的名字，都会一一设计出来。

不要做这样的架构师。能把技术的大方向定下来就可以了，千万不要去做干预第一线程序员的事情，因为：

1. 不参与第一线的工作就无法准确判断出开发中面临的问题。没有调查就没有发言权，特别是某个项目会用到新的技术组件的时候，问题会特别明显。
2. 不准确的预判会导致不合理的架构，到最后会给基层员工的工作带来各种障碍。
3. 由第一线的程序员来写代码最合适。
4. 好的 CTO 或者技术经理可以把这些工作做得很好。

近年来貌似日本公司也不会有这样的专职架构师了，都是由基层的程序员老兵来做，而且不会设计得特别细致。

## 软件培训机构

在北京 2014、2015 年有非官方统计数据表明：每年至少有一万名程序员新人出自培训机构。培训机构一方面培养了不少行业人才，但是另一方面也存在很多让人诟病之处。笔者特意针对培训机构将自己的看法讲给有需要的读者，特别是从其他专业毕业转入希望从事 IT 行业的读者。

### 确实能改变少部分人的命运

培训机构确实可以帮助一部分学生改变命运，特别是这些人本来比较懵懂，经过培训机构的正确引导，可以把握住机会，进行某个方向的学习，最后进入并留在大公司工作的学生。

每年每个培训机构都会有学员成为榜样，被下一届师弟敬仰，也都真实存在很多从二、三流学校出来的学生进入到 BAT 等顶级公司工作的案例。

### 在一定程度上推进了国内技术的发展

培训机构每年的毕业生非常多，大部分毕业生学习的都是 Java Web、Java Android、PHP、iOS 和 Web 前端这些开发语言。哪个语言热门就培训哪个。

对企业主来说，如果本公司用的语言是小语种，就几乎找不到人，只能自己培养。但是一旦开发语言用了上面的任意一个，招聘帖子一挂出去，每天都会收到很多简历。笔者曾经在 2016 年初发过招聘帖，一个月收到 1000 封简历：500 个 iOS、300 多个 Android、100 多个 UI 设计师，90%都是培训机构出来找工作的新人。

所以，培训机构在一定程度上可以抓取市场的需求，另一方面，也影响着软件开发技术的进展。

### 培训机构之痛

培训机构的名声早期还可以，现在则不太好。HR 在查看候选人简历的时候，往往会直接过滤掉培训机构学生的简历，因为现在的培训机构存在以下问题：

1. 苗子不够好。很多培训机构要跟大学合办，采用 3+1 模式：大一到大三在本校学习，大四来到北上广深大城市。江西有很多高校采取这种模式。其实这个模式很不错，但是要求人才具有学习能力强的特点。好苗子学习能力都强，自学就可以达到很好的效果了，为什么要来培训呢？所以培训机构的学生大部分都是底子差的，看到培训机构说可以解决就业、“上届学生月薪 9K”这样的广告词，对大三的孩子有足够的吸引力。

2. 老师不够专业。行业内的软件高手完全可以找到很高大上的企业，获得很好的职位。水平一般的程序员也是每日幻想着把自己变成技术大牛，然后进入国内外一流公司。只有不入流的、水平没那么好但是又希望有所改变的程序员才会想着去做培训学校的老师。

3. 甚至有刚毕业的学员会被返聘成为培训机构的助教，代替老师讲课，烂是一定的。不过没关系，培训机构的玩法之一就是：就算学生听不懂也没关系，学生会以为自己笨，不会认为老师讲得不好。

好的老师：把复杂的问题简单化，往往一句话就可以说到点子上。差的老师：把简单的问题复杂化，往往会把问题说得云山雾罩的。刚刚入行的程序员往往更认为第二种老师权威。

4. 简历容易造假。往往培训机构毕业生的简历是一个模子出来的。很多时候我们见到某个年龄应该是应届生的学生，简历上写了 2~3 年的项目经验。面试的时候问起，会回答说“因为我从大二开始就做项目”（正常的工作经验都是从毕业后开始算起的）。实际这些都是套路，也都是培训机构的老师教的，下面列出来常见的套路：

（1）简历有好几页，项目经验 2~3 年。简历很精致，往往会有一张不错的职业肖像照。

（2）简历中任职的公司往往是某某实训基地。

（3）很多同学的项目都是雷同的：某某 Android 小游戏，某某 Android 播放器。

（4）期望工资都不低，很多都是大互联网公司的标准。

5. 就业率越来越低。进大企业的都是少数，笔者知道的很多培训机构都是大比例的同学找不到工作。在北京培训了大半年，毕业季的时候找不到工作，最后打包离开北京，甚至去做传销。

所以，请大家在进入培训机构学习之前，务必想明白利弊。笔者的建议是：

**如果抱着试试看的态度，那么干脆不要来。因为你的同学很可能都是差等生，**

不会在人生和学习上给你激励。

已经工作了两年以上的人不要考虑。本来培训经历就会给你减分，如果再让HR 看到你不是应届生，连电话面试的机会都不会有的，更不用说下一步的现场面试了。

只适合踏踏实实的学员。培训机构不能化腐朽为神奇，高中大学都没改变的差等生在培训机构中一样是不学习的差等生。只有那些可以沉下心来的同学才能有收获，最后找到工作。

# 第 2 章 程序员的职业成长建议

## 务必有技术博客

程序员一定要把每天的收获、心得和教训都记录下来，记在自己的个人技术站点或者博客上。收获之大超乎你的想象（记得只写技术，不写私生活）。

### 表达能力得到极大提高

程序员的表达能力特别重要。

表达能力好的，都是写文章比较多的人。因为他在写自己文章的时候是第一个读者。哪些句子不通顺，哪些语法有错误，马上知道，就可以慢慢改正。

于是这个人的表达能力和概括能力得到提高了。这样的人做程序员没问题，做项目经理也没问题，总之与人沟通非常顺畅。

那种啰啰唆唆半天也说不明白话的程序员，绝大多数都不会写技术博客。

### 技术可以得到积累

昨天做了一个 MySQL 数据库的优化，前天重装了 MongoDB 等都要记录下来！哪怕只有两百字，哪怕只有寥寥几行。

好记性不如烂笔头，特别是在计算机行业中，会遇到大量不符合人脑记忆逻辑的内容，例如：

1. 搜索最大的 N 个文件的命令：

```
$ du -a /var | sort -n -r | head -n 10
```

2. Redis 缓存服务器删掉某些 Key：

```
(redis 2.6.0 的办法)
EVAL "return redis.call ( 'del', unpack ( redis.call ( 'keys', ARGV[1]) ) ) " 0 your_keys_pattern*
(redis 3.2.8 的办法)
redis-cli -n 1 keys your_keys* | xargs redis-cli DEL
```

这些内容只靠人脑记忆肯定是记不下来的，一定要记录在博客中。

笔者的个人博客中好多文章都很短，但是只要记录下来，下次拿起来就可以用，五分钟解决问题，再也不需要花时间去回忆了。

## 个人博客是一张好名片

我们在外面交流时，称呼头衔根本不重要。大家都是李工、张工，大家都是 CTO，大家都是张总、王总。名片也没有任何作用。只有个人博客才是好招牌。我们无论是外出交流，还是求职，个人的技术博客会为你带来数量级的加分，可以带来各种想不到的好机会，让更多的人赏识你。

我的个人博客直接改变了自己平庸的职业生涯，所有的合伙人看到我的技术博客，一眼就确定了。

## 不要敝帚自珍

有的朋友不喜欢写博客，总喜欢把一些资料放在某个文件夹中，这个效果不好。

1. 不会锻炼自己的写作能力。这个在技术层面特别重要，要写出合格的技术文章，需要具备很好的逻辑能力和抽象能力。

2. 怕被人偷艺吗？在成为大牛之前没有人会关注你的。

3. 把资料放到文件夹中不好查找。很多文件是不方便分级的，而且当文章超过 100 篇之后整个屏幕都会很乱，难以查找。放在文件夹中也基本无法有效搜索。

4. 把资料放在文件夹中远不如在浏览器中搜索 Google 或者 Baidu 来得快。

5. 把资料放在文件夹中无法快速分享给其他人。试想一下，当某个新人问你问题的时候，直接甩给他一个链接，“这个问题我去年记录过了，来这里看吧！”多有高手风范！

## 要会与人和睦相处，不要任性

程序员是一个典型的学究性格，特别是入行两三年时，会觉得自己不是一个菜鸟了，做项目也有一定经验了，这个时候比较容易滋生这种情绪。

听说过一种说法：

- 上等人：能力大，没脾气。
- 中等人：能力大，脾气大。
- 下等人：没能力，脾气大。

一个聪明人一定是很好的情绪控制者。尽管我们每天的工作压力很大，但是一定要注意：不要傲慢，收起个性，谦逊做人。

### 控制好自己的脾气

永远不要跟团队的成员乱发脾气，例如觉得产品经理提出不合理的需求，觉得 UI 做出不合理的设计，要理性地提出自己的意见。

程序员：永远不要跟伙伴因为技术问题拌嘴。PHP 永远是世界上最好的语言，Spring 永远是 Java Web 最好的框架，高手永远具有谦逊而温和的性格。

### 越牛就越谦逊

从业十几年，发现一个很奇怪的现象：

- 技术大牛可以非常坦然、非常容易地说出“这个技术我不懂”。
- 新入行的菜鸟，对于“我不懂”这个词几乎不会说，怕说了之后被人笑话。

## 沟通能力是立足社会之本

### 沟通能力很重要

“沟通能力比技术能力重要”这句话在绝大多数情况下成立。这个无论是对于程序员、测试人员还是产品经理都特别重要。沟通能力是智商和情商的代表，沟通能力强的人，智商一定不会差。

另外，软件项目是由多个功能点组成的。技术能力决定了某个功能能否做好；沟通能力直接决定了某个功能要不要做，也就是说沟通能力会更多地影响项目的进展。

在公司里，小王的技术实力一般，但沟通能力很强，一旦某个需求有疑问，就会第一时间找到需求方，进行全方位的询问，然后再行动：

发现这个问题不是很难，马上开始动手，于是很快就做出来了。

发现这个问题很难做，跟对方沟通，发现对方想要的就是很简单的功能，只是在字面上看起来很复杂。于是小王跟对方一起纠正了需求，很快就做出来了。

发现这个问题确实很难做，几乎无法实现。小王及时提出了问题所在，跟对方约定好换另外一种解决方案。

可以看出，无论是哪种情况，小王都可以处理得很好。

小李的技术很强，但是沟通能力不行，很多时候在遇到问题时很少及时跟对方沟通，往往是按照自己的理解去做，结果导致：

- 花了时间。
- 事情用很复杂的方式做出来。
- 需求方还不认可。

几乎每个项目中都有这样的情况。所以，务必把沟通放在第一位！无论你的技术强与弱都要牢牢地记住这一点。

而且甲方永远是喜欢干活儿的乙方（程序员或者产品经理）跟他沟通的，来沟通才说明事情在继续推进。甲方最怕乙方好久没消息，也不来沟通，这基本是乙方没有推进项目的表现。

## 千万不要性格内向

我们生存在这个社会中，每天都要与别人打交道性格。内向是打交道的大敌，它直接让人处于打交道的下风。我们每天跟人打交道不是靠“脑电波”，而是需要靠语言、行为、表情来把心中的想法传递给对方。比如说下面的情况：

1. 这个需求优先级一般，有空的时候帮我做了吧。
2. 这个需求很着急，一定要加快！周末做不出来项目就会整个失败。

性格外向的人可以很好地表达出上面两个意思，而性格内向的人不一定能表达出来。下面是笔者从业十几年发现的规律：

- 内向的人容易有玻璃心。
- 内向的人谈不了需求。
- 内向的人控制不了进度。
- 内向的人远不如外向的人好管理。

### 任务没能力完成要勇敢地说出来

做不了的事，千万不要硬扛。硬扛的话往往拖到最后事情没做出来，时间还耽误了。

一般来说，每个老板是能容忍下属某件事做不了的，因为他很清楚每个下属的能力。但是，时间是宝贵的，机遇是要抓住的。

这件事小王做不了，老板可以交给小张、小李，如果他们还做不了，老板可以把它外包出去，交给能做的人来做，但是不要耽误事儿。

老板最怕的是那种接了任务却完成不了的人。

所以，要勇敢地把不能完成的任务说出来，越早越好！老板不会骂你，反而会觉得你很职业。

如果已经晚了，那就现在说！千万不要做那种喊口号最厉害，两个月后项目还做不出来的人。有两次，老板就不敢用这个人了。

## 小心程序员的膨胀期

每个程序员的心态都会在入行前后发生转变。入行前是乖乖男，入行后就开始世故了。膨胀期一般出现在入行两三年之后，这个时期程序员会认为自己能力上来了。

能干项目了，看不起刚入行的菜鸟。

没见过高手，看不到自己跟高手的差距。几乎没有 Github，几乎没有个人技术博客。

开始喜欢泡论坛，对各种技术指点江山。

这个时期的过渡很关键。笔者见到过一些不错的苗子，本来可以发展得不错，但因为内心膨胀而损失了大好前途：本该有的晋升丢了，要么离职，要么继续混日子。

## 不要因为被上家公司坑过就对下家公司抱有成见

小王在上家公司干活时兢兢业业，但是后来公司的资金链断了，老板跑路，两个月的工资没发。于是到了下家公司就会提防老板也是这样的人，HR 都是老板的帮凶，每天上班不开心，工作也做不好，稍微有点儿事情就往坏处想。这样很快就会由于工作不努力、态度不认真导致离职。

虽然小王在上一家公司的境遇很无辜，但这跟下家公司没有任何关系。下家公司能给小王这个工作机会，是对小王能力的一种肯定。所以，小王不应该单纯地认为所有的软件公司都是垃圾公司，他不能把对上家公司的情绪带到下一家。

有些程序员能力还可以，就是由于这种狭隘的思想而导致自己错失了很多机会。

另外，互联网公司（特别是北上广深一线技术城市）的底线往往是很高的。公司规模越大、越有规范的 HR 部门，人文关怀和员工关怀越好。

## 不要论战

论战都是发生在论坛上，往往容易在不同语言之间产生争论。这个说 Java 好，那个说 PHP 好。同一语言的框架之间也容易有争论，这个说 Struts 好，那个说 iBatis 好。其实论战是没有意义的，不同语言之间的论战、同一语言（JavaScript）中不同框架的论战，如图 2-1、图 2-2 所示。

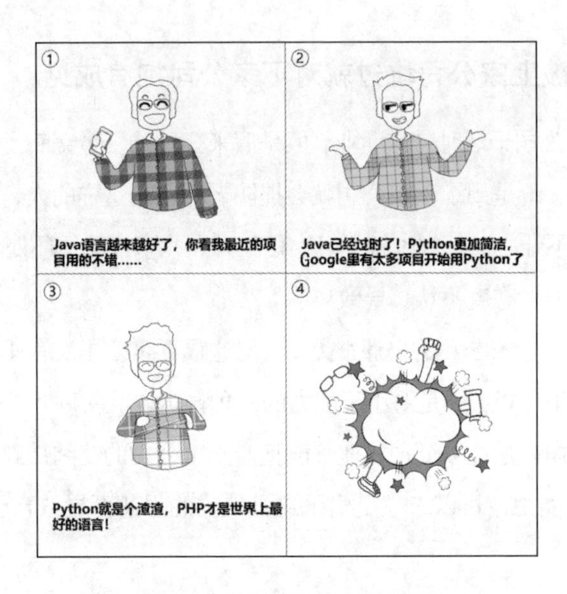


图 2-1　不同语言之间的论战

图 2-2　同一语言（JavaScript）中不同框架的论战

我们一定不要参与到这种无意义的论战中去，因为：

- 浪费时间。你永远无法战胜对方，对方也永远无法战胜你，大家都是任性的键盘侠。
- 会使你的脾气变坏。因为越是发火，脾气就越差；脾气越差，人就越容易发火。最终导致恶性循环，无论在职场还是在生活中都会产生影响。

论战特别容易出现在刚入行两三年的人身上。这些人一般是团队的中坚力量，见过一些世面，有过一些经历，特别容易自我膨胀。其实让他们再继续多见一些高手就好了。

## 使用传统编程语言的人特别容易心态不好

在笔者接触到的朋友中，使用传统编程语言做开发的人中有一半以上是心态不太好的，这是职业病（字面意义上的病痛，入行的朋友务必小心）。

### 高发诱因 1：过于底层的语言

传统语言编程包括 Java、Object C、PHP 等，这些语言的共同特点是：过于底层。使用 JavaScript、Ruby、Python 做开发时从来不用关心变量的类型，不必考虑这个变量应该是 int 还是 double int，完全不用考虑计算机的感受，可以把全部精力都放在业务逻辑上，解决实际问题就好了。传统语言则是写任意一行代码都要考虑编译器的感受。编译器就是一个爱哭的孩子，总是把你的注意力从业务逻辑吸引到对编程语言的照顾上。

下面是一段读文件的对比：

| Java 代码 | Ruby 代码 |
| --- | --- |
| `File file = new File("target_file.txt");`<br>`InputStream in = null;`<br>`try {`<br>`    in = new FileInputStream(file);`<br>`    int tempbyte;`<br>`    while ((tempbyte = in.read()) != -1) {`<br>`        System.out.write(tempbyte);`<br>`    }`<br>`    in.close();`<br>`} catch (IOException e) {`<br>`    e.printStackTrace();`<br>`    return;`<br>`}` | `File.read("target_file.txt")` |

可以看出，左侧的 Java（传统语言的代表）编程是多么的麻烦，右侧的 Ruby（新兴语言的代表）是多么的简洁优雅。哪怕读者不懂编程只懂英语，都可以很好地了解这段代码的作用。

## 高发诱因 2：开发人群的职业年龄是 2~4 年

因为这个人群的特点是：

1. 基本还处于编码的阶段，每天以敲代码为生。

2. 虽然对一门语言基本精通了，但发现要做任何事情都很麻烦、很复杂。因为传统语言特别麻烦复杂，做项目容易有挫败感。

3. 这个年龄的人往往混迹于各种论坛，有一定的办公室习气，容易脾气不好。

## 不要踢皮球

踢皮球（如图 2-3 所示）是一个俗称，特指把本应自己做的任务转手让其他同事做。这种行为看似让自己轻松，实则让自己损失很多。

图 2-3　踢皮球

### 会错失机会

越是难做的任务，做完之后收获就越大。谁越愿意啃硬骨头，谁的成长就越快！小王在工作中经常踢皮球，把工作踢给别人后，自己每天很清闲，非常开心，工作时间逛淘宝，刷微信、微博。

小李在工作中勤勤恳恳、责任心强，遇到事情他第一个上，出了问题他敢于站出来担责，一边鞠躬道歉一边加班工作。

几年之后，小王能力没提高，看到身边的同事都升职加薪，就他没有。小李在工作中虽然拿的钱不多，工作又很辛苦，但是积累了很多的经验，不到一年就成为项目的核心骨干。老板开始把各种重任都交给他。慢慢地，小李一个人干不过来了，老板就给他配下属，让他成为技术经理。小李业务能力强，带领团队的能力也提高了，很快就成为公司离不开的顶梁柱了。

### 会使人缘变差

踢皮球的人会直接被认为不靠谱、不担责、油头滑脑、精明而不聪明，口碑会变差。

- 口碑好的人，机会就多。因为大家都喜欢口碑好的人，有相关的事儿一定会喜欢找他做，有相关的机会也会第一时间推荐给口碑好、靠谱的朋友。
- 口碑不好的人，人缘差，朋友就少，遇到事情没人帮忙。

口碑和人缘，会给你的职业发展带来非常持久的影响。

### 会使人平庸

如上面的小王，踢皮球不干事儿，人都待闲散了，三十出头就会遇到职场危机，遇到公司裁员的话第一个候选人就是他。

## 要抓住一切机会带团队

笔者认为世界上有两种人：一种是领导，另一种是基层。两种人拥有两种不同的人生。从父母辈的经历来看：

- 基层的人往往容易任性，做事简单粗暴，方方面面考虑不够，坎坷多一些。
- 做过领导的人往往处理问题周全，有胸怀，容易成功。

## 一个人做不成事情

这句话听无数人说过，最开始的时候我不理解。一个技术大牛不就能抵得上一堆菜鸟么？

后来慢慢地懂了，一个人的精力是有限的。当我每天要处理的事情过多的时候会发现，很多比较基础的工作应该交给下属去做，因为：

1. 一个人每天的精力有限，特别是领导、公司的老板，每天都会考虑公司的生死存亡问题，睡得晚起得早，往往精神状态不好。

2. 让老兵做新手的事儿是对优质资源的浪费。

3. 失去了对新人的培养机会。新人都是需要锻炼的，刚好很多基层的事情就应该交给新人去做，做好了新人得到成长，做差了也有老手来把关。

## 带团队能让人开阔眼界

每个人的智商都差不多，为什么有的人能做出正确的判断，而有的人就不行呢？就是因为信息量不同。

如果我们接触到的信息量变大了，就会发现：

“哦，原来这件事我之前以为他的处理方法很荒谬，现在看起来好有道理。”

“哦，原来那件事我不了解，当初我做得不对。”

在公司中管理者的信息量是比基层员工大很多的，每个管理者都会接触到公司的战略方向、下个季度的目标、本次项目的中心等。久而久之，管理者的情商和思考问题的方式也会发生变化。

我们开玩笑时会喜欢说“某某在下很大的一盘棋”，其实这句话对于管理者来说完全是褒义，这种“大局观”是只有管理者才会具备的智慧。

而基层员工则只能机械地处理一些底层问题，不会得到锻炼。

## 具有带团队的经验能让人更好地在社会中生存

一旦带领了团队，这个人就要思考如何去管理，就要去学习管理学，眼界也会随之开阔，情商也会大幅提高。

1. 知道如何与人相处，化解矛盾

这种能力非常重要。我们日常会看到好多新闻，往往最初是很小的事儿，由于双方都不会处理， 鲁莽行事，导致最后闹到派出所。这种很“鲁莽任性”的人，往往都在基层。

而做过管理的人，往往都会很好地把握对方的情绪和思路，化干戈为玉帛。

2. 知道如何站在老板的角度考虑问题

管理者往往既要管理下属又要面对上级，所以每天都会变换角色思考问题，在这种角色的变换过程中，更加会换位思考，更加知道如何站在老板的角度考虑问题。这对于工作的顺利开展是绝对有好处的。

## 带团队是职业生涯注定的方向

不要相信四五十岁还能编程，不要崇拜国外的大叔级程序员。本人在 2005 年毕业时，欢送会上学院一位德高望重的博士生导师给大家致辞的第一句就是“你们将来都是要做管理的！”

可惜当时她没有掰开、揉碎了解释这句话，所以在毕业之后的十年里，笔者崇拜的都是国外不带团队、直接向盖茨汇报的那种技术大牛：基本没人管，也不用管理其他人，多么自在潇洒！

后来发现这条路行不通，原因有如下二条：

1. 只要你不踢皮球、勤勤恳恳地干上三年，一定会成为团队的核心人物！只要老板不是傻子，他绝对会让你带领团队。

2. 国内的环境使然。私企（互联网公司和创业公司）的员工平均年龄是 20~28 岁，外企员工平均年龄是 20~35 岁，国企的员工年龄能到 50 多岁。如果你进不了国企，在国内的私企和外企中，30 岁出头就要被裁掉了。

笔者经历了 Motorola 的裁员，眼睁睁看着很多三四十岁的同事被裁掉，老板带着绿卡飞回美国。

笔者也目睹了私企中的各种人员流动，超过 30 岁的平庸人员渐渐没有领导愿意要，进来的都是刚毕业的孩子，有的比自己小十岁，有的跟自己一个属相、年龄却比自己小一轮，危机感扑面而来。

所以，一定要做管理者，一路升到职业天花板再说，否则一直平庸的话就只能给人打工，三十岁以后的日子很难有什么希望。

## 要有良好的心态

### 每天都要学习

因为学习是一切工作的王道。

人的一生都需要不断地接受新的知识：

1. 谈恋爱的时候需要了解异性心理，知道如何更容易地追求到喜欢的人。

2. 工作时需要学习基本的社交常识，知道如何待人接物、如何与同事很好地相处。

3. 带团队时需要学习管理学，知道如何做一个能力强、有胸怀的领导者。

对于 IT 从业人员来说，自身职业的知识也非常重要，以程序员为例：

1. 初级：语言的基础知识，起码学通几个框架，熟知 API 文档，提高英语水平，需要 1~3 年。

2. 中级：自动化部署，自动化测试，重构，设计模式，提高英语水平，需要 2~3 年。

3. 高级：带团队，啃技术硬骨头，培养新人。

所以，既然走上了 IT 行业，就一定要记得：每天都要学习！不学习就要有负罪感。

对于程序员来说，不学习就会平庸。技术一直在发展，不学习就跟不上。今天出来 Angular，明天出来 React，后天是 Vue.js，每个都要看、都要学习跟进。

队伍难带，小弟不好管理，怎么办？学习怎么管理啊！

移动端开发，技术不行，怎么办？Android、iOS 每个都要学。

服务器不行了，怎么办？上网搜，翻文档。

## 不要沦于平庸

我们的格局一定要大，内心一定要有一个远大的目标，例如：

我要三年内成为技术大牛，熟练掌握 Ruby on Rails 和 JavaScript 的 Vue.js 框架。

我要今年内背上 3000 个英语单词，不然每天的文档中太多生词看不懂，太难受了。

我要今年把自己的体重减一减，再不减该突破 200 斤了。

绝对不要想着：

哎呀，还有 30 分钟下班了，先去市场买点儿白菜吧。

听说 XX 超市的 XX 东西要打折了，我是不是可以薅一把羊毛？

## 工作就是最好的学习机会

对于拥有工作的同学，一定要换一个角度、积极乐观地看待自己的工作。积极的工作心态可以让人更加开心，如图 2-4 所示。

图 2-4　积极的工作心态可以让人更加开心

千万不要认为“工作是万恶的资本家对于我的剥削”，要看成：

1. 我每天在用公司的项目练手，做砸了就会辜负公司对我的信任，做好了就能提升自身的价值。

2. 公司的薪水是我的奖学金。

## 办公室没有政治

大学的时候，回看高中时期的竞争没有意思；入职之后，看大学同学之间的寝室斗争很没意思；等创业之后，就会觉得打工时期的各种办公室政治完全没意思。

所谓的“张总”“王总”仅仅是一个称呼。大家都是打工的，而老板则是给整个公司的员工打工。大家在人格上都是平等的。

所以千万不要把办公室政治看得很重。如果某天发现办公室政治已经影响到了自己，那么有两种解决办法：

1. 让自己的直接领导来解决问题，肃清干扰。

2. 如果自己的直接领导和稀泥，那么赶快跳槽，离开这个小池塘，找到可以让自己“海阔凭鱼跃”的大公司。

绝对不要让自己慢慢习惯各种办公室斗争，不要立山头，不要站队伍，否则时间长了自己也会慢慢变成自己讨厌的人。

## 不要参与公司的八卦

每个公司多少都会有流言蜚语：

公司的老板跟秘书似乎关系很神秘。

财务小张据说是老板娘的表妹。

项目组的老王似乎在甲方关系很硬。

不要参与，我们要完全对事不对人，默默地把自己的事情做好，绝对不要被公司的八卦分散精力。

## 正确面对公司的裁员

据美国《财富》杂志报道，我国的中小企业平均寿命是 2.5 年，集团企业的平均寿命不到 8 年。所以每个公司都有可能倒闭，对于行业新人可能会非常敏感和八卦，务必忍住，要有一个正确的态度来面对，如图 2-5 所示。

图 2-5　正确面对公司的传言

要意识到下面几点：

1. 在事实出来之前，任何猜测都是不负责任的。
2. 树挪死，人挪活。安于现状只能让自己的生存能力退化，增强忧患意识才能让自己的能力不断成长。

3. 裁员不一定会裁到你的头上。一方面自己要继续完成分配的工作任务，另一方面要让自己每天充实起来，不断成长。如果哪天公司真的要裁员了，确保自己的能力足够强大，可以随时跳槽。

## 敏捷方法论

敏捷开发不是一个新鲜的词汇，10 年前就有很多类似的书，请大家找几本来详细阅读。敏捷方法论是一组最佳实践，跟截拳道的思想很像：务实、灵活、不死板，什么方式好用就用什么。

下面是对敏捷开发的一些实践。实践证明这些方法非常有效，能非常好地避免项目死掉。

### 频繁交付、小步快跑

这个方法论的目的是：尽快看到工作成效。

1. 不要做项目时半年才交付一次。每个项目理想的情况是每天都要交付。
2. 下班之前做个部署，把每天的代码都放上去。
3. 手机 App 的项目，每天晚上下班前发一个包。

这样的好处有很多：

- 增强了双方的沟通和信任。
- 每天都能看到项目在进步，大家都对项目有信心。
- 遇到问题也都能知道原因出在哪里。
- 需求方有变动的话可以以最小的代价来实现。

### 能自动化的都自动化

自动化包括：

1. 自动化部署。
2. 自动化的单元测试。
3. 自动化的集成测试。
4. 其他自动化的任务。

总之，如果你的工作当中存在很多人肉操作可以替换成自动化的工具，那么赶紧动手改进。

### 必要的测试

软件项目是非常复杂的，很多时候老板问起“这个项目怎么样了？能发布吗？”的时候，我们不应该答不上来，不应该说“老板，我不清楚”，而是应该很潇洒地运行一下测试命令，跑通所有的单元测试，然后告诉老板：“当前项目有 100 个测试，跑通了 92 个，问题不大，我把剩下的测试修改好，估计今晚就能上线了”。

ThoughtWorks 的员工曾经提到过一种非常好的实践方法：在饮水机旁边放一个红绿灯，哪个成员提交了代码，会触发持续集成服务器自动运行所有的测试，都通过的话给出绿灯，否则就是红灯。

这个红绿灯时刻反映出当前项目的健康度，每个人打水的时候都可以瞄一眼，然后立刻知道当前项目的情况。

一个实际情况是：国内的人慢慢意识到了单元测试的重要性，不过敢于实施的项目团队还是非常少的，可以认为几乎没有。

### 每日例会

一般放在每天早上，大家站着围成一圈，每个人用一分钟说三件事儿：

1. 昨天做了什么。

2. 遇到了哪些困难。

3. 明确今天要做什么。如果自己不知道的话可以直接询问上级。

上级只需要给大家解决问题和困难，再告诉大家要做的新任务就可以了。

之所以要站着开会，是因为全体站久了都会累，这个时候大家都明白该结束了，不会拖沓。另外，站立会让大家更容易集中注意力。

这样做的另一个隐含概念是让所有人都知道队伍中没有闲人，每个人都在努力地干活，提高队伍的工作效率。

### 要培养成学习型团队

例如，把近期出现的相关领域的新技术列出来，成为一个“技术雷达”，然后整个团队制定一个学习计划，详细分配到人，大家依次来给团队做培训。

一些新技术也可以谨慎地使用。

每个人每天都在进步，你今天学得慢，明天就会被队友赶超，整个学习型团队的学习氛围特别浓，相互激励，相互学习。

## 良好的程序员工作习惯

现在绝大部分程序员( 也包括其他行业的从业人员 )的生活规律都非常不健康，违背了自然之道。该睡觉的时候不睡觉，该起床的时候不起床，该运动的时候不运动，一坐就是一天。健康和不健康的生活作息如图 2-6 所示。

图 2-6　健康和不健康的生活作息

## 晚上十点前睡觉

最好是晚上九点入睡，早上自然醒（最好在早上五点），但是我知道大家不可能做到。

尽量不要熬夜。熬夜是非常伤身的事情。很多程序员特别喜欢看凌晨三四点的城市，最喜欢晚上写代码，因为那个时间段安静，没人打扰。这个习惯特别不好。

会导致：

- 秃顶。
- 肾虚，身体弱。
- 心脏不好。
- 脸色黑，皮肤差，长痘痘（这种痘痘挤了就是陨石坑）。
- 记忆力减退。
- 五脏六腑机能都不好。

好的程序员可以很好地安排个人的作息，让自己的职业生涯持久、高效。

## 健康问题：不要总低头弓背

如果公司不给配外置显示器、只给笔记本的话，赶紧自己买一个。如果你的个子太高、坐在电脑前面都是低头弓背的话，赶紧把显示器垫起来！总之，低头会引起颈椎问题和驼背。

正确和错误的坐姿如图 2-7 所示。

图 2-7　正确和错误的坐姿

## 离开显示器和手机才是休息

如果干了好长一会儿，务必出去走一走，不要坐在电脑前面。

有的同学认为，我听一会儿歌，看看新闻，也是休息。其实不是的。你坐在电脑前面，整个人都没有得到休息。务必站起来出去走一走，哪怕是上个厕所、拿个杯子接些水，也能改善身体的血液循环。

1. 每用 1 小时左右的电脑，就站起来活动会儿身体。 手头放个秒表很有效果（可惜自己创业后就很难这样了）。

2. 必须有一个杯子，觉得疲劳的时候，站起来喝点水。

3. 找个地方活动下颈椎和脊柱，对于一些办公楼，可以在楼道间慢跑，做做操。

4. 不要吃零食，伤脾胃。

5. 不要抽烟。

## 不要沙发椅，要坐硬板凳

50 块的那种硬板凳绝对比老板转椅好太多。伤腰的转椅和护腰的硬板凳如图 2-8 所示。

图 2-8　伤腰的转椅和护腰的硬板凳

- 很好地避免腰酸背疼。特别是把它反着坐的时候。因为反着坐是可以强迫人使用挺直后背的坐姿的。
- 当屁股觉得疼的时候，就是它提醒你已经连续坐了两个小时，该休息、该站起来走一走了。

## 显示器要有护目屏

护目屏不要买几十元的，在淘宝上挑个几百元的才好。现在大部分 27 寸显示器都不好，颗粒太大，炫光太强烈。炫光会直接对眼睛造成伤害，使用护目屏后效果还是很明显的。

推荐使用特种玻璃做的护目屏，27 寸的话，价格一般在 400 元左右。玻璃材质的护目屏很有效果，如图 2-9 所示。

图 2-9　玻璃材质的护目屏很有效果

请记住：眼睛是心灵的窗户，所有的 IT 职业都离不开电脑和显示器，眼睛坏了这辈子就全完了。笔者 2005 年入行的时候没把这句话当成事儿，现在眼睛有飞蚊症、葡萄膜水肿、眼压高。

有的同学会说“休息一下眼睛不就好了？”

说得对，可是作为工作离不开电脑的人你如何休息眼睛？除非辞职。

我们每天的生活可能八个多小时都要使用眼睛：看书，看手机，看电视，看电影，看视频。所以要多出去走走，让眼睛看看自然光会好太多，现代医学表明太阳光对于眼睛的健康有直接影响。

## 程序员的工作组成

### 程序员的工作不是一直在写程序

一个程序员工作的时间分配大概是这样的：

30% 的时间敲键盘写代码。

20%~30%有可能是在郁闷、愣神、看技术文档、学习或者思考。

20% 的时间与人沟通。沟通需求，排查 Bug。

10%~20%的时间做其他的事情，例如运维、处理服务器、Git 操作、招聘、写文档（开会纪要、事故的处理情况等）。

### 技术经理

技术经理的大部分时间是管理团队、培养新人。

10%~30%的时间写代码。

30%的时间谈项目，整理需求。把新人听不懂的需求和任务做划分。

25%~50%的时间培养新人。

25%~50%的时间开会沟通、搞管理。

10%~20% 的时间要资源（要招聘新人）、申请部门经费、申请显示器等设备、写文档、处理团队成员的请假和提薪要求、管理服务器、处理项目硬骨头等。

## 程序员要走出去

程序员这个职业有个最大的先天不足就是，会让人性格变得内向、敏感。

### 性格内向

程序员在编程时，其实都是在和机器打交道。很多程序员喜欢深夜工作，与人沟通很少，自然容易性格内向。具体表现是：

1. 工作中，性格内向的程序员永远不会主动搭理人。
2. 聚餐时，性格内向的程序员永远不说话。

### 过分细腻

可以认为，过分细腻是程序员的职业病。现代流行的任何编程语言都会要求变量不能差一点儿，student_name 跟 student-name 完全是两个不同的变量。

在 Bash 编程中更加严格，多个空格就会引起错误。

所以程序员的性格弱点是容易较真、钻牛角尖，认为事物不是 true 就是 false；程序员的认知是黑白分明的，不存在灰色的地带。

笔者在 2015~2016 年曾经跟体力劳动者一起共事过。当时做互联网家装的 CTO，经常下工地，发现跟这些工人打交道很容易，和他们在一起吃饭喝酒、嬉笑吵闹，性格都很粗犷、豪爽，往往抽根烟就是好朋友，说话直入主题，交流起来特别放松。

跟程序员交流则需要小心谨慎，一个需求没表达明白就是一个白眼，或者遇到问题也不能立刻说是 Bug。

互联网公司中的产品经理跟周围的程序员同事沟通较多，应该深有体会。

### 容易自傲自大

程序员在性格上容易两极分化。

在自身实力弱小的时候，往往什么都觉得是老鸟说得对。在团队中最有威信的人，是可以搞定其他人搞不定的 Bug 或者功能的人，往往一般会被冠以“大神”的头衔。

一个小菜鸟，经过两年左右的入行时间或者经历过若干项目的磨练之后，可以独当一面时就容易成为这种“大神”。这个时候程序员的心态容易变化，觉得自己技术特别强。

在很多程序员的论坛中，这样的人特别多，都是键盘侠，喜欢打嘴炮，觉得自己天下技术第一，自己用的才是世界上最好的编程语言。

这个时候难免自傲。

## 不要坐井观天，要多看看外面的世界

程序员的自大自傲，或者水平的止步不前，跟自身不愿意与高手接触有很大关系。很多程序员就是宅男，特别是单身的程序员。

其实跟外界接触的方式有很多。

1. 多参加程序员世界的聚会，例如北京的 Ruby 圈子中就有这些活动。

Coding Girls：教妹子学编程。Coding Girls 的活动现场如图 2-10 所示。

图 2-10　Coding Girls 的活动现场

- Ruby Tuesday：来自台湾地区的一个习惯，大家会在周二晚上聚在一起聊关于 Ruby 的话题。
- Beijing Open Party：北京比较高端程序员的聚会，2016 年以前大约 2 个月一次，地点往往在 ThoughtWorks 的北京东直门办公室。

更多聚会可以在对应的论坛上看到（例如，活动行）。在这些聚会上可以面对面地跟大牛交流，对于程序员的发展特别有好处：

- 可以知道自己未来的发展方向。
- 可以知道行业的前景。
- 可以让大牛传道授业解惑。
- 可以认识更多人脉。
- 可以更进一步地激发自己的学习动力。

2. 多参加开源项目。Github 的账号是必须有的。

- 编程能力强的，看到自己平时用的哪个 jar 或者 Rubygem 有 Bug，刚好自己昨天在工作中给解决了，就可以贡献代码了。
- 编程能力弱的，看到某个项目特别好用，就可以贡献翻译。
- 对于自己感兴趣的事情，也可以建立一个项目，然后吸引更多的人来一起合作。

在 Github 上跟人交流特别重要，特别是在跟老外合作的时候，它可以让人深刻地意识到自己跟其他优秀程序员的差距。从代码质量到命名风格、单元测试，再到沟通技巧，哪怕只参与两三天都可以有很大的收获。

## 规划好业余生活

每个程序员都有业余生活，我这里总结几点，希望对大家有帮助。

### 不要爱上旅游

我身边有不少“九零后”IT 从业人员，最喜欢干的事是在朋友圈晒旅游照片。这个周末海南，下个周末长白山。美其名曰“在最美好的年纪对得起自己的青春”。

笔者认为年轻应该是用来奋斗的，用来流血流汗的，不是用来玩耍的。作为年轻人要承担起责任，爸妈退休了你要不要供养？跟女朋友周末看电影吃饭是不是要开销？结婚了买房钱还没有，怎么办？有了娃，奶粉钱够不够？

心中一定要有责任感，特别是不要一分钱不攒，每个月做月光族。当你想外出旅游的时候，想想家中舍不得花钱而省吃俭用的父母吧！

### 不要接私活

这个问题是所有程序员都会面临的问题。很多程序员认为自己的工作很清闲，赚点外块是很好的事。

小王在某 500 强公司工作时，刚好赶上该公司有人事变动，于是小王每天的工作非常清闲，每天工作 3 小时足够了。于是接了一个私活，参与一个国外项目。

结果，接了私活之后每天的生活质量直线下降：之前每天工作 3 小时，接私活之后每天工作 10 小时，晚上 10 点还要开会，周末还要拿出来干一天，完全没有休息。平时接私活儿打电话要小心翼翼，很多时候开会不方便接，发私活的老板很不理解。

非常辛苦，每个月的报酬大约是自己工资的一半，很多时候觉得不值。

只要目前工资可以满足开销，建议不要接私活。

99%的公司都会对工作时间做私活儿的员工提出惩罚或者开除，风险很大。

如果时间足够的话，可以多学习，多为自己做一些事情，而不是贱卖劳动力。

### 利用业余时间做教学

程序员用业余时间做教学是性价比最高的事情。教学分成两种：文字教材和视频教学。

某互联网公司小陈的本职工作是运维，工作很苦，每周至少做一次通宵值班。入职第一年刚好是单身，于是周六周日开始写教程，录制视频，只要工作中遇到的技术都会录制，《Nginx 最佳实践》《Linux 从入门到进阶》《MySQL 深层次分析》……结果一年下来，视频录制了不少，自身的实力也在备课中不断提高。

后来他被评为某课程教学网站的知名教师，离开老东家后被人约课不断，收入颇丰。

## 中国 IT 公司的特点

中国的 IT 公司跟美国的 IT 公司很不一样。

## 技术实力层面

中国的 IT 公司一般比较弱，根源在于国人的英语水平太差。

如果不考虑英文只考虑算法，国人是一点儿都不差的，可惜互联网开发对于技术的要求是有层层依赖要求的：

1. Web 应用的开发依赖于“应用技术的框架”。这个框架指的是类似于 Spring、Android、Rails、Django 这样的技术。

2. 应用技术依赖于编程语言等底层技术，包括 Web 底层、Android 底层、JVM 等各种编程语言的虚拟机等。

3. 应用技术的底层技术依赖于操作系统和硬件。

所以，从上面的三点看下来，大家会发现：

1. 国内几乎没有好的操作系统，Windows 是美国的，Mac OS 是美国的，Linux 是开源的（世界的）。国内没有操作系统，修改 Linux 的不算。

2. 国内几乎没有好的编程语言，例如 Java。各种编程语言，几乎没有国人发明的。

3. 框架级的技术，国内也极少创造。

所以，面对一水儿的外文资料，英语不好的人完全是发蒙的状态。欧美人在这方面则具有巨大的语言优势。

## 人员的年纪差距

国内的程序员往往特别年轻，项目中 90%的代码可能是由工作 1~3 年的程序员编写的。工作 4 年以上的程序员，基本都是技术经理。

在美国公司中，很容易看到大叔级的基层程序员。

虽然我不清楚美国的工资标准，但在国内，员工的工资跟年龄没太大关系，而是跟职位挂钩的。基层程序员技术再牛，工资也不如绝大部分的领导层。

## 35 岁开始失业

只要不是在企事业单位，35 岁就开始失业。在小规模的私企，这个年龄是 30 岁。企业更加倾向于新人的原因如下：

- 有拼劲，可以随时加班。
- 身体好，通宵很轻松。
- 不用上下班接孩子。
- 不用买菜做饭。
- 没有办公室习气，好管理。

所以，只要一名员工超过 35 岁，自身的实力又比较平庸的话，一定会被毫不犹豫地砍掉。

### 技术高层不懂技术细节

技术高层（如 CTO、技术总监）虽然在早期为公司做过巨大贡献，但是随着业务的发展和自身职位的提高，往往不懂基层的技术细节，因为代码都是别人写的。

项目出问题时，技术高层不是冲向第一线的人，冲上去的往往是基层做了好多年的人，如基层技术经理、基层程序员。

在一个大公司中，技术高层多年脱离基层，很多自己公司的代码都没有摸过，所以出了问题一定要靠下面的基层程序员来解决问题。

### 管理更加严格

一些外企和硅谷海归精英创业者创办的公司特点是：

- 推崇人人平等，每个员工都觉得自己很了不起。
- 特别随意随性，喜欢牛仔裤拖鞋。
- 组织性纪律性不强，以自我为中心。

国内的企业则管理严格一些，工作环境更加容易沉闷。

另外，从管理层看，国内公司的管理手段更加严厉一些，不如外企那么活泛。

### 国内软件岗位的地域特点：北上广深是绝对主力

表 2-1 中的数据来自于国内最大的招聘网站智联招聘中的搜索结果。竖列表示用不同的语言作为关键字，横列表示不同城市的搜索结果。

例如，搜索“Java”这个关键字，在“北京“中出现了 327 页搜索结果（每页包含 60 条数据）。

表 2-1　国内城市和软件岗位统计表

| | 北京 | 上海 | 深圳 | 广州 | 天津 | 成都 | 杭州 | 武汉 | 大连 | 沈阳 | 西安 |
|---|---|---|---|---|---|---|---|---|---|---|---|
| Java | 327 | 156 | 128 | 73 | 34 | 89 | 75 | 68 | 37 | 25 | 46 |
| PHP | 69 | 30 | 30 | 24 | 8 | 22 | 16 | 13 | 8 | 6 | 10 |
| Python | 160 | 74 | 53 | 27 | 10 | 25 | 29 | 15 | 6 | 4 | 14 |
| Android | 72 | 41 | 42 | 22 | 8 | 21 | 19 | 15 | 8 | 6 | 12 |
| iOS | 58 | 31 | 26 | 19 | 6 | 16 | 14 | 11 | 5 | 4 | 7 |

从表 2-1 可以看出：

- 北京是全国的软件龙头，对于人员的需求大约是上海、深圳和广州之和。
- 北京的程序员职位大约占表中职位总和的 30%~40%，根据语言有所不同。目前我们熟知的大部分互联网公司都注册在北京。北京作为全国的政治和经济中心，很多政策都对创业者有利。
- 上海和深圳大约是北京职位的一半，位列第二梯队。这个跟国内的城市排名基本一致。
- 广州、成都、武汉和杭州的程序员职位基本一致，大约是上海或深圳的一半，位列第三梯队。杭州的发展应该得益于阿里巴巴这家公司。
- 其他城市，基本没有软件市场。

另外说一下台湾地区的软件特点：一方面他们跟美国接触得比较多，英语底子好一些，技术基本功扎实一些；另一方面由于人口太少，互联网完全不如大陆发达，到现在也没有一个知名网站。而大陆的知名网站随便抓一个就用户上亿，这对于程序员技术实力的锻炼完全是天上地下。

## 读书清单

本节中推荐的都是软件工程方面的书籍，这些书都是经典。不过也要注意：国外的软件环境比国内踏实不少，所以国内的程序员要注意分辨、活学活用。

### 《程序员修炼之道——从小工到专家》

这本书无论是行业老兵还是准备入行的新人，都非常适用。每次翻看都会有新的收获，很多现实中的问题都可以在本书中找到答案。这是笔者的入行引导书。在 2005 年的秋天，笔者当时还是一个刚毕业的毛头小子，做项目就是一通乱写，丝毫没有章法，也没有人指导。在书店里的某个角落看到这本书，结果拿起来就放不下了。

曾经试图为它写总结，很快发现这本书没法提炼：干货太多、字字珠玑，整本书一个字一个字地读才是正确的打开姿势。

书中主要包含两部分内容：

1. 程序员的技艺，对新手是非常好的引导。

2. 很多实用的方法论。这些方法论能给人启发，具备增智开慧的功效。

本书内容精炼、句句干货，适合反复翻阅，是笔者少有的几本一读再读的书。另外，中文翻译的质量很好，所有对软件工程感兴趣的朋友都很适合阅读。

## 《软件工程的事实与谬误》

这是一本奇书。笔者在工作的第三年碰到它，书中的内容却在未来的十年中不断地激荡着笔者的思维。正是因为这本书的引导，笔者在 2014 年创业之后不断地思考国内的软件环境和行业痛点。

这本书没有涉及太多的技术细节，但是给读者打开了一个完全不同的软件行业，从中大家可以发现自己很多对软件行业的认识都是错误的，例如：

- 软件项目都是由不懂技术的高层或者营销人员来估算时间，所以估算的时间都是错的。
- 对于项目可行性的调研回答几乎都是“可行”。
- 问题的复杂度每增加 25%，解决方案的复杂度就增加 100%。

它的内容非常精彩，干货太多，很难总结。

《黑客与画家》

本书作者 Paul 以自身的经历（一个黑客是如何用自己的高超技术干掉竞争对手、实现财富自由，并且进一步创办了硅谷的 TOP 1 投资基金 Y-Combinator）给读者展示了一个合格的程序员的世界：程序员并不是书呆子，反而是极度聪明，知道如何利用自己的长处实现梦想。

书中阐述了大量的方法论、跟技术相关的细节和一些解决问题的思路，特别适合入行几年、以“高级工程师”自居的读者。读的时候把作者跟自己做一个对比，会发现自己的未来出路。

书中对于自己使用 Lisp 语言跟对手竞争，以及对于编程语言的能力论述（比较 C、Java、 Perl、Python、Ruby、Lisp）的章节非常精彩。

## 《软件随想录》

本书是 Stack Overflow 的创始人 Joel 的博客汇总，里面写了软件开发涉及的方方面面，从入职到成长，从管理团队到经营公司。虽然给出的经验都是国外的经验，出版也十多年了，跟国内的形式略有出入，但是非常具有参考价值。

另外，本书用大量的篇幅阐述了作者思考的深层次技术问题，例如，如何识别优秀的程序员，对于美国程序员的分类和 Stack Overflow 的相关内容。

大家阅读的时候不要思考字面的意思，要带有自己的思索，最后才能获得启发。

## 《人月神话》

这是一本软件开发圣经，第一版出版于 1975 年，距今已经 40 年，不过里面 80%的内容还是为行业外的人所不知。书中非常深刻地阐述了为什么不要用传统的眼光来看待软件开发，以及相关的一系列问题。

本书由于内容过于专业，部分章节可以略过，但是“人月神话”和“没有银弹”的相关章节务必仔细阅读，可以帮助我们识别一些项目陷阱。

本书适合所有人，特别是跟程序员打交道的项目经理、创业公司的老板。

《人件》

本书想要表达的观点是“人”是软件开发的根本，跟其他因素（管理、工具、组织架构等）无关。

强烈建议所有人阅读。有意思的是，从本书中也可以窥见一系列的程序员心理活动、管理者的期望等。

## 职业前辈的博客

职业前辈的一句话，往往可以让人少走几年弯路。他们的今天，就是新手的明天。每个领域都有自己的前辈，在 Java 开发界，有一些大牛的博客一定要多看。

看他们博客的时候，不要只关注技术，而是要多做全盘思考。

从技术到生活，再到习惯、情怀。大牛的养成，是全方位的。

下面的大牛，是笔者之前打工的时候看得比较多的。

- 范凯，Javaeye 的创始人。一个讨论 Java 的论坛，用 Ruby on Rails 来写，而且还写得非常成功。可在微信中查找公众号“肉饼铺子”或者“robbinthoughts”。
- 熊节，曾任多年 ThoughtWorks 的首席咨询师，也是《重构》《与熊共舞》等若干软件工程畅销书的译者，翻译质量很高，个性鲜明直率。除了个人博客，他在 Javaeye 的历史发言也非常精彩。
- 阮一峰，很博学的人，翻译了《黑客与画家》《软件随想录》等畅销书，很有开源精神。

# 第3章 给程序员的技术建议

## 程序员如何提问

提问需要智慧。

提问的智慧，来源于著名计算机大师 Eric Raymond 所写的同名文章《How to ask questions the smart way》。

我们不想掩饰对这样一些人的蔑视——他们不愿思考，或者在发问前不去完成他们应该做的事。这种人只会谋杀时间——他们只愿索取，从不付出，无端消耗我们的时间，而我们本可以把时间用在更有趣的问题或者更值得回答的人身上。我们称这样的人为“失败者”（由于历史原因，我们有时把它拼作“losers”）。

我们在很大程度上属于志愿者，从繁忙的生活中抽出时间来答疑解惑，而且时常被提问淹没。所以我们无情地滤掉一些话题，特别是抛弃那些看起来像失败者的家伙，以便更高效地利用时间来回答胜利者的问题。

——《提问的智慧》引言

其实提问很简单，程序员要记得两个关键点。

1. 宗旨：中文搜百度，英文搜 Google。

作为一个程序员，每天都会遇到各种计算机问题。对于中文的搜索，百度最有效；对于英文的搜索，Google 最好。

2. 关键字的使用：要关键、要简洁。

比如搜索问题“Java 都有哪些开发框架”的时候，不要把这几个字符都输入到搜索框，而是使用“Java 框架”作为关键字来搜索，关键字之间用空格分隔。

再如搜索“使用 Spring 如何实现微服务”这样的问题，请使用“Spring 微服务”来搜索。

再如搜索“如何查询文件系统中最大的 N 个文件”，请使用“top n largest file”来搜索。

## 使用好键盘周边

程序员日常工作的 80%可能是用键盘操作的，剩下的 20%是用鼠标。所以键盘周边非常重要，包括编辑器、敲键盘的指法和快捷键等。如果我们每件事的效率都提高一点点，那么整个算下来会比其他程序员强很多。

### 选择什么编辑器

《Pragmatic Programmer》中告诉我们，世界上只有三种类型的编辑器：Vim、Emacs 和其他编辑器。

其他编辑器包括：

- Eclipse：作者是《设计模式》的作者之一，在 IBM 主持的项目。
- Textmate：最初在 Mac 上被广泛使用。
- JBuilder：最初用来做 Java 开发，后来扩展到各种语言。
- Visual Studio：微软提供的 IDE，支持 C++等多种语言。
- Sublime：近年来流行的编辑器，是 Textmate 的强力竞争者。

这些编辑器的最大问题是使用时需要用鼠标来导航。试想我们先低头找一下鼠标，再移动指针到某个位置，再敲击键盘，再摸到鼠标，重复上面的步骤……眼睛会很累。

考虑到几乎每个 Linux 的版本都会默认安装 Vim，所以强烈建议大家学习。

源代码教程在 https://github.com/sg552/my_vim。笔者也为大家录制了视频，一小时内可以学完：http://edu.51cto.com/course/11219.html。

## 要有正确的键盘指法

虽然可能读者会觉得很奇怪，但是笔者还是要说一个事实：大部分新人居然不会正确的键盘指法！

最开始踩这个坑是在笔者当上技术经理的时候，当时不断地为自己的团队招人，面试过程就是出题目、聊项目经验、看情商等多方面考察。觉得某位候选人不错，后来就发了 offer。等这位候选人报到上班后，我发现一个很可怕的问题：他的指法是二指禅）见图 3-1）。

图 3-1　可怕的二指禅指法

我发现很多新人的键盘指法是不标准的，特别是“九零后”。大家一定不要小看这种打字指法，它会让你和你的同事工作效率产生巨大的差距。

根据个人经验，如果一个新人在入职的时候键盘指法就不标准，那么跟一起入职的同事相比，他会落后一到两个月，也就是说，新人基本在上一两个月之后才会有很好的键盘指法。

键盘指法极其重要，程序员生涯从始到终，每一个时刻都离不开键盘。绝对不要做一个点头族：抬头看一眼屏幕，低头看一下键盘敲几下；再抬头看一眼屏幕，再低头看一下键盘……这样的节奏会把人累死，这个人的职业生涯也不会快乐。

所以，不会用键盘的同学，一定要在求职前练好这个基本功!

### 好键盘很重要，它是我们的武器

市面上几十块的键盘就算了吧。起码要买入门的机械键盘，绝对不要买几十块的塑料键盘。对于程序员来说，一定要购买机械键盘，同事没意见就用青轴，希望安静一点就用黑轴。市面上的机械键盘现在越来越便宜，你会发现使用机械键盘才有手感。

### 合适的键盘布局

首先建议大家使用全尺寸的巧克力键盘（就是键帽高度足够），不要用小键盘，不要用特别平的键盘（例如 Mac 笔记本键盘，看着很小资却不实用）。

“\”键很是难敲，选择一个右手小指可以按到的位置。

Enter 是我们按的最多的键，所以它的面积要大。

左右两个 Shift，以及 Enter 上方的 Backspace，也都最好是大键。

F1~F12 也都最好是可以一键按到的，不要用 fn+F1 的方式来按。

合适的键盘布局如图 3-2 所示。

图 3-2　合适的键盘布局

不要购买 87 键的小键盘，因为这种小键盘的很多键是难以按到的。你需要用多个组合键才能按到，例如 F1、F2。这些都需要使用莫名其妙的 fn+key 组合键。

## 使用好“第六根手指”

“第六根手指”就是小指的掌根。笔者都是使用小指指根来按 Ctrl 键。极其好用，身高一米七以上的男性都可以熟练掌握。

当按 Ctrl+F 时（vim 中的翻页操作），这个 Ctrl 应该是用右手掌的小指掌根按的。同理，按 Ctrl+N 键时，这个 Ctrl 应该是用左手的小指掌根来按。绝对不是看一眼键盘，然后用食指去按 Ctrl 键。

总之，快捷键的按法是两个手同时按，这样才会高效、方便。

## 如何使用快捷键

用好快捷键可以让你的开发速度再次提高一个台阶。快捷键的原则是越短越好、越通用越好。例如，Ctrl+Page Down 就很短（两个组合键）、很通用，无论是浏览器还是 Terminal（终端）中都是同样的作用。

按组合键的方法是左手和右手同时按。例如，Ctrl+F 的按键方法如下：

- 错误方式：看一眼键盘，然后左手小指按 Ctrl，左手食指按 F。
- 正确方式：右手小指掌根按 Ctrl，左手食指按 F。

这个技巧虽然很细碎，但可以积少成多。每次少敲击一次键盘，一天下来你比别人就多出好几分钟时间。

### 单键快捷键

ESC：取消当前操作。

F11：浏览器的全屏。

F5：浏览器的刷新。

Tab：　下一个输入框。

### 两键快捷键

Ctrl + C：复制。

Ctrl + V：粘贴。

Alt + Tab：切换桌面应用窗口。

Ctrl + Enter：聊 QQ 发消息、微博发帖、浏览器的网址自动补全。

Ctrl + Page Up：前一个标签页。

Ctrl + Page Down：下一个标签页。

### 三键快捷键

Command + Shift + [ ：Mac 特有，上一个标签页。

Command + Shift + ] ：Mac 特有，下一个标签页。

### 快捷键的思考

笔者按两键组合的快捷键是没有任何问题的，眼睛无须离开屏幕，但按三键组合的快捷键的 Windows 键盘就会明显变慢（例如 Ctrl+Shift+V）。如果是三键组合的 Mac 就不行了。因为 Mac 的键盘不好按，快捷键的组合匪夷所思，总是给人一种无法记住的感觉。

例如：

Command + Shif + [ ：为什么就代表了向左翻页？

Ctrl + Shift + E：仅仅是为了让命令行下的光标到达尾部，为什么不用 Home/End 中的 End 键？

另外，在实践中笔者发现，大部分用 Mac 的新人都会在敲键盘的时候用眼睛去找，对键盘很不熟悉。

## 薄键盘和 Mac 键盘不适合程序员

现在越来越多的键盘采用“矮键设计”，整个键盘非常轻薄。这种设计以 Mac 为代表，大部分的笔记本也采用这样的键盘（如图 3-3 所示）。

图 3-3　不适合程序员的薄键盘

笔者非常不建议行业新人使用。

1. 薄键盘的按键几乎是一个镜面，不像机械键盘那样棱角分明，让人在盲打时根本就摸不准。

2. 薄键盘决定了用户无法借助掌根来按 Ctrl 键，所以每次按 Ctrl 键的时候都需要低头去看。

3. Mac 键盘太奇怪。Command 和 Ctrl 键的位置跟 Windows 和 Linux 的位置是相反的，Command 键是放在了 Alt 键的位置。用惯了 Windows 和 Linux，就会发现这两者的快捷键基本是一致的。但在 Mac 中，Alt 键的角色一会儿是 Ctrl，一会儿是 Command。

4. Mac 组合键太奇怪。很多组合键都是需要三个键一起按的，势必要眼睛离开屏幕。

## 程序员的理想装备

我看到很多公司的规模不小，员工福利待遇也都很好，办公在 5A 级写字楼，但在给程序员的装备方面却做得不到位：

- 配备的显示屏幕为 19 寸。
- 键盘、鼠标是 30 元钱的塑料套装。
- 内存为 1GB，电脑用起来又卡又慢。

这样看似节省了运营成本，但实际上会让程序员的工作效率大打折扣，反而起到副作用。下面是程序员的理想装备。

### 大屏显示器

越大越好。目前来看来 27 寸的显示器是标配，高级一些的公司可能会同时配备两个显示器。显示器的尺寸直接决定了程序员的工作效率，目前显示器也不是很贵，1000 元就可以买到不错的，再配上一个几百块的玻璃视保屏就可以极大地提高程序员的工作环境。

### 机械键盘

要用机械键盘，不要用市面上几十块钱的塑料键盘。机械键盘摸起来更加舒服、更有敲击欲望。青轴声音最清脆、手感最好、声音最大，黑轴和红轴不太清脆，喜好因人而异。

IKBC 和 Cherry 的机械键盘都不错，现在的很多款式都是 500 元不到。

**提示：**如果周围的同事喜欢安静，就不要用青轴键盘了，敲起来的声音过于清脆。

### 游戏鼠标

最好的鼠标就是游戏鼠标，职业玩家标配。根据笔者经验，一个入门级的游戏鼠标可以使用几年，而且可以做各种精细调整。在重量和灵敏度方面，都非常合适。笔者用的都是罗技，100 元的就很不错了。

不要使用蓝牙鼠标，DPI 不够，在半职业玩家手中会感受到延迟。

### 大容量内存

绝对不要用一个顶级 CPU（例如 i7、i9 系列）配上 2GB 内存。

大部分机器卡顿的主要原因往往不是 CPU 的频率不够，而是内存太小。目前的主流操作系统内存都要在 8GB 以上才会运行流畅。

建议内存最小 8GB，如果能够达到 16GB，那么机器性能就不错了。

### 固态硬盘

跟机械硬盘相比，固态硬盘的运行速度要高几个数量级，所以我们最好把自己的工作机械硬盘更换成固态硬盘，可以体会到飞一般的感觉。

笔者在项目中遇到过这样的情况：百万级数据库的普通查询语句，在 SSD 硬盘上的执行时间是 0.1 秒，在机械硬盘上则需要 5 秒。所以建议大家以后使用 SSD 硬盘做开发。

目前市面上的固态硬盘已经非常便宜了。

### 高速网速

很多公司为了节省成本，在网络方面非常抠门，几十号员工共用一条 2Mbps 宽带，工作的时候大家掉线卡顿成灾。

程序员的工作离不开网络。遇到问题可能都要上网搜索，这时网络的重要性就体现出来了：如果打开一个页面需要一分钟，程序员每天打开上百个页面的话，可能一天几个小时就被消耗进去了。

所以公司务必使用足够带宽的网络，人均要在 200kbps 的下载速度以上。网速越快，程序员的工作效率就会越高。

以上说的几点是对于程序员来说可以很好地提高工作效率的建议，如果这几点可以做到，就算公司是民宅环境，这名程序员也会觉得自己的公司很高大上，具备硅谷水平，跟世界接轨，他的工作效率也会被极大地激发出来。

程序员自己也要知道，如果公司由于种种原因不方便配备好的必要硬件，自己一定要舍得掏腰包来购置，要想办法提高自己的工作效率。绝对不要凑合着用，30 元钱的键盘鼠标只能用两年，还降低了自己的工作效率。

## 版本控制工具

分辨新手程序员的最快办法，就是看是否有源代码的版本控制工具（Source Control Management，SCM）。对于专业程序员，SCM 是入职的第一课。在实际工作中，笔者不只一次看到不使用版本控制工具的开发人员，这个凸显了他们所在公司的不专业。

### 控制源代码的必要性

做软件开发最担心发生的事情就是源代码找不到了。当某天老板需要我们部署某一个项目的时候，如果下面的人说：“老板，对不起！昨天硬盘被格式化了，代码全没了。”这会显得多么的可笑和不专业。

其实，版本控制工具在软件开发的最初阶段就已经出现了。

在工作中，我发现不少软件开发人员工作了几年还不会用版本控制软件，每次发现代码修改错了之后，想回滚都不知道该如何做。

版本控制软件的基本功能如下：

- 保持每一次的改动。
- 可以查看改动日志。
- 可以查看具体的改动。
- 可以创建分支。
- 可以向服务器端提交修改的代码。
- 可以从服务器端下载最新的代码。

世界上有很多种版本控制工具，统称为 SCM（Source Control Management）。

## 历史上的一些 SCM 工具

### CVS

CVS 是构架于 UNIX 系统之上的，1986 年就已经出现了，免费开源软件，具备版本控制的基本功能，但是只能用在单机上。目前在国内已经被淘汰。

### VSS

VSS 是微软推出的版本控制工具，当年比较好用，可以满足版本控制的基本需求，运行在 Windows 上。缺点是收费。目前已经看不到了。

### SVN

这个可以认为是 CVS 的改进版，增加了一些新特性。现在在国内用的人不少，腾讯、360 也在使用，不过所有 SVN 的用户都有强烈意愿要转型到 Git 上。

## 版本控制终极者：Git

Git 是版本控制的终结者。我们能想到的版本控制的功能，它都具备。世界上最大的开源技术社区 Github 用的就是 Git。

Git 在国内大规模的应用应该是在 2011~2012 年。所以大家学好 Git 就够了。

网上有很多相关的文字和视频教程。这个是笔者录制的一小时教程：http://edu.51cto.com/course/8363.html。

## 在技术的天空中留下痕迹

有追求的程序员绝对不能默默无闻，一定会在技术的天空中留下痕迹：多读英文文档、多参与翻译、多贡献 Github 代码、多参加 Stack Overflow 的问答。

### 必须有技术博客

技术博客直接体现了程序员的表述能力和对技术问题的思考深度。一定要把自己平时遇到的问题、踩过的坑、吸取到的经验统统都记录下来。

笔者发现很多表述能力不佳的程序员（比如不能说出完整的句子，一个意思需要几个分句才能说明白）没有写博客的习惯，所有擅长写博客的人，描述、表达问题的能力都很不错。

很多人觉得自己是新手，怕自己写的东西没有技术含量。怕什么呢？我们写博客的目的应该是：

1. 记录自己的经验。以后再次出现某个技术问题的时候，一搜博客就知道了。

2. 间接锻炼自己的表述能力。如果一个人的表达能力不好，他在写出句子的第一时间就会发现这一点，因为自己是第一个读者。坚持写一段时间，文字表达能力就能很快提高了。

3. 博客是一张好名片。程序员之间交流的时候，告诉对方，我的个人网站是 http://myname.me，是不是很有型？

4. 技术博客直接呈现了过去几年的技术痕迹。面试官会格外青睐有技术博客的候选人。

所以不要仅仅把问题记录在自己的小本子上，或者保存在硬盘的某个角落里。

把信息公布出来只会给你带来正面的影响。

不要敝帚自珍。聪明的人就算看不到你的信息，该知道的早晚会知道；愚蠢的人就算你直接告诉他，他还是不明白。

## 必须要有 Stack Overflow 的账号

Stack Overflow 是世界上最权威、最大的程序员问答社区（见图 3-4），几乎所有技术问题都会在上面找到答案。

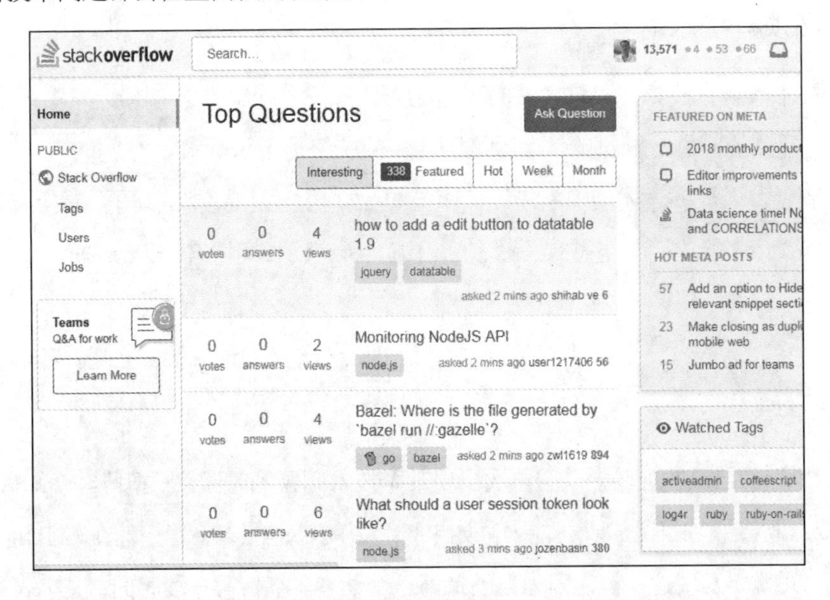


图 3-4　最大的程序员问答社区 stackoverflow.com

在 Google 上搜索问题时，排在前几位的绝对是 Stack Overflow 的回答帖子，如图 3-5 所示。

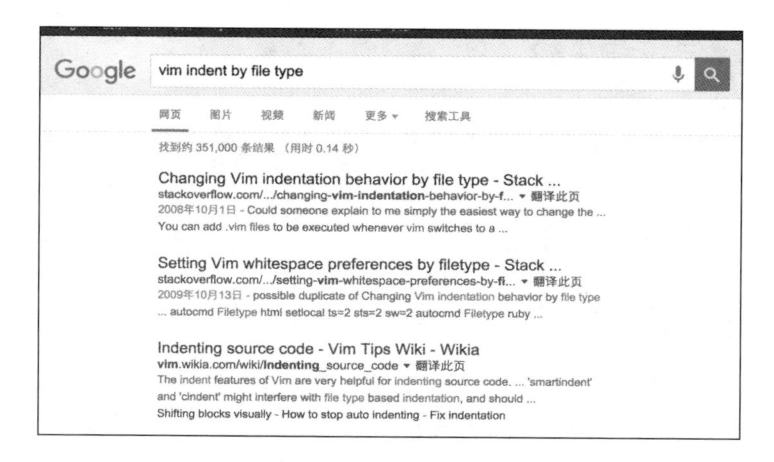


图 3-5　大部分技术问题的答案都来源于 Stack Overflow

从问答记录中可以直接看出这个人是否具有公益精神，是否热爱程序员这个行业或者热爱他所掌握的语言。

Stack Overflow 是一个英文论坛，能够参与里面的问答，就说明这个人不但英语够好，而且有足够的国际视野。这对掌握新技术有特别好的帮助。

我们每次在 Google 搜索问题的时候，会发现很多人都在问。有的问题是没有回答的，如果你发现了这个问题的解决方案，不妨把你的答案放上去。予人玫瑰，手有余香，不是吗？

## 必须参与开源项目

参与开源项目说明了这个程序员：

1. 对于自己的代码足够自信，因为烂代码会被人喷。

2. 有胸怀，具有公益精神，希望能够帮助到别人。这样的人在技术上才会做大做强。

3. 跟其他世界级的程序员有交流。这个人的技术实力和眼界一定比敝帚自珍的程序员开阔。

## 绝对不要写重复代码

《程序员修炼之道》告诉我们：不要重复你自己！这个也就是 DRY 原则（Don't Repeat Yourself!）。

我们永远都不要写重复的代码，重复的代码会有灾难性的后果。

### 让程序员丧失工作的兴趣

重复的代码使代码非常难读，明明几行代码就可以实现，可是重复代码很多的话，试想重复一百次，那么我们就需要到一百个地方去修改，这会极大地挫伤程序员的积极性。

### 让程序难以修改和测试

任何代码改动都需要经过测试。不能乱改一气，然后让用户来测试，这样做的话就离被炒鱿鱼不远了。

举国外的一个案例，在某个项目中为了修改一处逻辑问题，需要改动近百处相似的代码。如果要把这些功能都彻底完整地跑一次测试，需要几周的时间。

### 让人容易辞职

有的员工为了追求进度，喜欢一味地复制粘贴代码。这样的员工其实是在不断地给自己欠技术债，因为在 90%的情况下读者都是自己。当他每天面对的都是这么多重复的代码时，会非常心烦。

另外，过多的重复代码会直接使老板将这个人的技术水平判断成“低水平，有待提高”，这个评价将会直接影响到升职提薪。

这样的员工几乎在工作时都是紧皱眉头，很不开心，长期来看离职率也更高。

### 解决重复的原则：事不过三

当我们发现某段代码重复出现的时候，可以忍受两次的重复，如果第三次出现重复，我们就要重构它，让代码变得精简。

最常见也是最简单的代码重构手法是抽取方法（Extract Method）。由于本书篇幅所限，不展开讲解，请读者参考《重构》一书的相关章节。

## 命令行在大部分时候要优于图形操作界面

在入行之前，甚至在入行之后的几年，大部分同学用的都是 Windows，各种操作就是用鼠标点按、拖曳，甚至有些同学在使用编辑器的时候还要用鼠标去移动光标，这样是不行的。

一线城市的互联网公司，特别是 BAT 这样的大型公司非常看重服务器端的功力。很多问题都需要远程登录到服务器解决，而这个登录方式（SSH）就是纯命令行的交互界面，完全不是 Windows 下面的鼠标加窗口的操作。

登录 Linux 服务器的操作界面如图 3-6 所示。

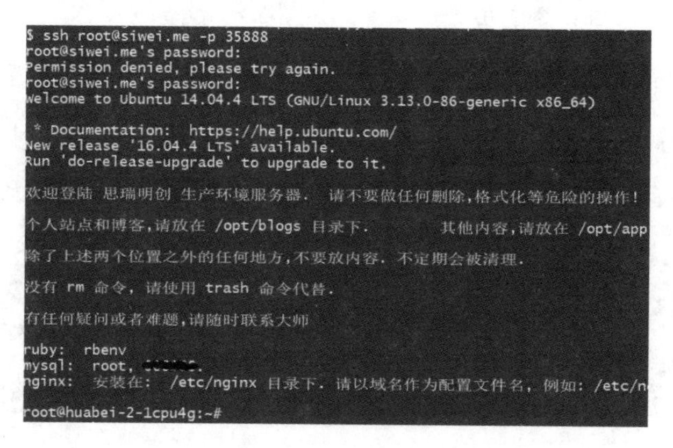


图 3-6　登录 Linux 服务器的操作界面

例如，想查看某个日志的内容就需要用 tail 命令：

```
$ tail /var/log/nginx/access.log
```

这个命令表示查看对应文件的最后 10 行，如图 3-7 所示。

```
shensiwei@exchange-ubuntu-400g:/var/log/nginx$ tail access.log
189.28.12.34 - - [27/Apr/2018:07:36:15 +0800] "GET / HTTP/1.1" 303 0 "-" "Mozilla/5.0 (Wi
132 Safari/537.36"
189.28.12.34 - - [27/Apr/2018:07:36:25 +0800] "POST /wls-wsat/CoordinatorPortType HTTP/1.
189.28.12.34 - - [27/Apr/2018:07:36:26 +0800] "POST /user/register?element_parents=accoun
la/5.0 (Windows NT 10.0; Win64; x64)"
189.28.12.34 - - [27/Apr/2018:07:36:36 +0800] "GET / HTTP/1.1" 303 0 "-" "Mozilla/5.0 (Wi
132 Safari/537.36"
189.28.12.34 - - [27/Apr/2018:07:37:27 +0800] "GET /jmx-console/HtmlAdaptor?action=inspec
 (Windows NT 10.0; Win64; x64) AppleWebKit/537.36 (KHTML, like Gecko) Chrome/63.0.3239.13
107.170.193.25 - - [27/Apr/2018:07:53:27 +0800] "GET / HTTP/1.1" 303 0 "-" "Mozilla/5.0 z
124.64.187.9 - - [27/Apr/2018:08:41:02 +0800] "GET /languages/en.png HTTP/1.1" 304 0 "htt
S X) AppleWebKit/602.1.50 (KHTML, like Gecko) Version/10.0 Mobile/14A456 Safari/602.1"
124.64.187.9 - - [27/Apr/2018:08:41:08 +0800] "GET /trading-ui-assets/success-eda8f32410b
://coiex.io/trading/ethsscc" "Mozilla/5.0 (iPhone; CPU iPhone OS 10_0_2 like Mac OS X) Ap
124.64.187.9 - - [27/Apr/2018:08:41:09 +0800] "GET /trading-ui-assets/warning-cf7680d1148
://coiex.io/trading/ethsscc" "Mozilla/5.0 (iPhone; CPU iPhone OS 10_0_2 like Mac OS X) Ap
35.192.181.13 - - [27/Apr/2018:09:29:40 +0800] "GET /admin/index.php HTTP/1.1" 404 18 "-"
```

图 3-7　tail 命令结果

再如，要查看当前系统的运行负载，查看哪个进程占用系统的资源最多，就要用这个命令：

```
$ top （回车后分别按下 c 和 1）
```

然后就可以看到系统的负载页面了，如图 3-8 所示。

```
top - 10:19:42 up 9 days, 18:05,  1 user,  load average: 0.04, 0.04, 0.02
Tasks: 148 total,   1 running, 147 sleeping,   0 stopped,   0 zombie
%Cpu0  :  2.1 us,  1.1 sy,  0.0 ni, 96.8 id,  0.0 wa,  0.0 hi,  0.0 si,  0.0 st
%Cpu1  :  1.1 us,  0.0 sy,  0.0 ni, 98.9 id,  0.0 wa,  0.0 hi,  0.0 si,  0.0 st
%Cpu2  :  0.0 us,  1.1 sy,  0.0 ni, 98.9 id,  0.0 wa,  0.0 hi,  0.0 si,  0.0 st
%Cpu3  :  2.2 us,  0.0 sy,  0.0 ni, 97.8 id,  0.0 wa,  0.0 hi,  0.0 si,  0.0 st
KiB Mem:   8175076 total,  4448208 used,  3726868 free,   149340 buffers
KiB Swap:        0 total,        0 used,        0 free.  1029548 cached Mem

  PID USER      PR  NI    VIRT    RES    SHR S  %CPU %MEM     TIME+ COMMAND
15404 root      20   0 1346004 138808  16320 S   4.3  1.7  68:12.75 ruby lib/daemons/global_state.rb
 2113 rabbitmq  20   0 2256560  66812   3156 S   1.1  0.8 238:06.40 /usr/lib/erlang/erts-5.10.4/bin/beam.s
 2368 redis     20   0  159892 127336   2012 S   1.1  1.6  39:29.60 /usr/bin/redis-server 127.0.0.1:6379
15371 root      20   0  469060 124168  15680 S   1.1  1.5   4:11.37 ruby lib/daemons/websocket_api.rb
    1 root      20   0   33552   3804   2372 S   0.0  0.0   0:05.38 /sbin/init
    2 root      20   0       0      0      0 S   0.0  0.0   0:00.04 [kthreadd]
    3 root      20   0       0      0      0 S   0.0  0.0   0:05.67 [ksoftirqd/0]
    5 root       0 -20       0      0      0 S   0.0  0.0   0:00.00 [kworker/0:0H]
    7 root      20   0       0      0      0 S   0.0  0.0   3:25.97 [rcu_sched]
    8 root      20   0       0      0      0 S   0.0  0.0   0:00.00 [rcu_bh]
    9 root      rt   0       0      0      0 S   0.0  0.0   0:01.74 [migration/0]
   10 root      rt   0       0      0      0 S   0.0  0.0   0:04.45 [watchdog/0]
```

图 3-8　使用 top 命令查看系统性能

如何查看当前系统中的所有进程，并且按照占用内存的大小来降序排序呢？可以使用如下命令：

```
$ ps aux --sort rss
```

使用 ps 命令查看系统进程的结果如图 3-9 所示。

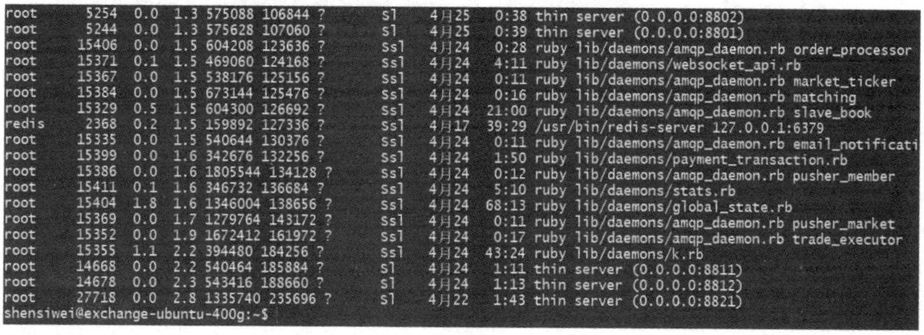

```
root      5254  0.0  1.3 575088 106844 ?      sl   4月25   0:38 thin server (0.0.0.0:8802)
root      5244  0.0  1.3 575628 107060 ?      sl   4月25   0:39 thin server (0.0.0.0:8801)
root     15406  0.0  1.5 604208 123636 ?      Ssl  4月24   0:28 ruby lib/daemons/amqp_daemon.rb order_processor
root     15371  0.1  1.5 469060 124168 ?      Ssl  4月24   4:11 ruby lib/daemons/websocket_api.rb
root     15367  0.0  1.5 538176 125156 ?      Ssl  4月24   0:11 ruby lib/daemons/amqp_daemon.rb market_ticker
root     15384  0.0  1.5 673144 125476 ?      Ssl  4月24   0:16 ruby lib/daemons/amqp_daemon.rb matching
root     15329  0.5  1.5 604300 126692 ?      Ssl  4月24  21:00 ruby lib/daemons/amqp_daemon.rb slave_book
redis     2368  0.2  1.5 159892 127336 ?      Ssl  4月17  39:29 /usr/bin/redis-server 127.0.0.1:6379
root     15335  0.0  1.5 540644 130376 ?      Ssl  4月24   0:11 ruby lib/daemons/amqp_daemon.rb email_notificati
root     15399  0.0  1.6 342676 132256 ?      Ssl  4月24   1:50 ruby lib/daemons/payment_transaction.rb
root     15386  0.0  1.6 1805544 134128 ?     Ssl  4月24   0:12 ruby lib/daemons/amqp_daemon.rb pusher_member
root     15411  0.1  1.6 346732 136684 ?      Ssl  4月24   5:10 ruby lib/daemons/stats.rb
root     15404  1.8  1.6 1346004 138656 ?     Ssl  4月24  68:13 ruby lib/daemons/global_state.rb
root     15369  0.0  1.7 1279764 143172 ?     Ssl  4月24   0:11 ruby lib/daemons/amqp_daemon.rb pusher_market
root     15352  0.0  1.9 1672412 161972 ?     Ssl  4月24   0:17 ruby lib/daemons/amqp_daemon.rb trade_executor
root     15355  1.1  2.2 394480 184256 ?      Ssl  4月24  43:24 ruby lib/daemons/k.rb
root     14668  0.0  2.2 540464 185884 ?      sl   4月24   1:11 thin server (0.0.0.0:8811)
root     14678  0.0  2.3 543416 188660 ?      sl   4月24   1:13 thin server (0.0.0.0:8812)
root     27718  0.0  2.8 1335740 235696 ?     sl   4月22   1:43 thin server (0.0.0.0:8821)
shensiwei@exchange-ubuntu-400g:~$
```

图 3-9　使用 ps 命令查看系统进程

用惯了图形化操作界面的同学，一定要多多加强命令行操作的能力，特别是使用 Java、PHP、Python、Ruby、Node 的同学，建议使用 Linux 作为日常开发的系统，做到开发环境跟生产环境一致。

## 几个例外

命令行虽然在大多数情况下要优于图形操作界面，但在下列情况下使用图形操作界面有独特的好处。

1. 数据库的查询界面。在数据库 GUI 客户端中动几下鼠标就可以查询到记录，非常方便，而且可以很好地做数据过滤或排序。

2. iOS 开发。做 iOS 开发的同学可能会用到很多 GUI 的操作。

3. 做代码的对比。在命令行下做代码对比容易造成视觉干扰，而且不具备色彩差距。WinMerge 是非常好的代码对比 GUI 工具。

## 操作系统的选择：优先使用 Linux

如果你是一个 iOS 开发者，要使用 Mac 系统。

如果你是一个 C#、WinPhone 开发者，就要使用 Windows 系统。

如果两者都不是，那么你优先选择的操作系统一定是 Linux。

在开发的过程中，一定是开发用的语言、操作系统、版本等各种环境都要跟生产环境相同。而生产环境往往都是 Linux 操作系统，所以建议大家使用 Linux 做开发。绝对不要先在 Windows 上面做开发，再到 Linux 上面做部署，这样很容易出现问题，而且出现的问题往往很难解决。

程序员了解 Linux 命令，会对日后的求职面试有很多好处。非.NET、Mac 系的程序员面试的时候，没有公司会考察 Windows 命令和 Mac 命令，但是所有的公司都有可能考察程序员对 Linux 命令熟悉的程度。

## 技术广度比深度更重要

我们从小到大经常听到一个成语“杂而不精”，就是指某一个人看起来好像什么都懂，实际上什么都不懂。

“杂而不精”适用于解决现实中的一些问题，但是不适合程序员。

要记住，作为最具有学习能力的程序员团体，或者说作为一个聪明人，我们一定要多才多艺，身兼多种才艺能力和技术。

我们经常会看到在某个著名的技术大会上核心的演讲嘉宾是在某互联网公司工作了十年以上的数据库老兵，头衔是数据库底层研究员，这属于“过分专精”，把大好的年华耗费在某一个技术里了。

计算机世界中的技术变革非常迅速。下面的几个技术，不知道读者是否听说过：

- Delphi。

- Flash 系列中的 Flex、Air。
- Swing、SWT。
- EJB。

这些技术在十年以前都是火得不能再火的技术，现在几乎无人问津。为什么会这样？当初做这些技术的人，后来都怎么样了？

再更早一些年份，WPS 是由求伯君先生独立用汇编语言写出来的，他是中国汇编语言第一人。现在你身边有做汇编的吗？

十年前的程序员喜欢追求性能，写完 C 语言之后，还要用某种工具把 C 生成的汇编再优化一下，现在有这样干的吗？现在招聘 C 语言的职位都很少了。不能做 Web，不能做移动端，只能做比较冷门的服务器底层或者桌面应用。

技术是一直在向前发展的，很可能今天看到的热门技术，明天就会有被抛弃的可能；我们身边头发开始花白的“老兵”，或者某个“油腻大叔”，十年之前可能就是一个叱咤风云的教父级人物。

所以，程序员在某个技术层面消耗半年或者一年就算多了。我们要把有限的精力、体力和青春用在性价比最高的地方。

## 以性价比最高的方式点亮技能树

如果我们用图形的面积表示程序员掌握的技能，那么可以做一个对比：

王同学 32 岁，工作五年。五年来潜心研究数据库技术，所有的精力都用在了数据库底层，精通数据库的各种底层算法实现、底层原理，精通 MySQL 源代码，如图 3-10 所示。

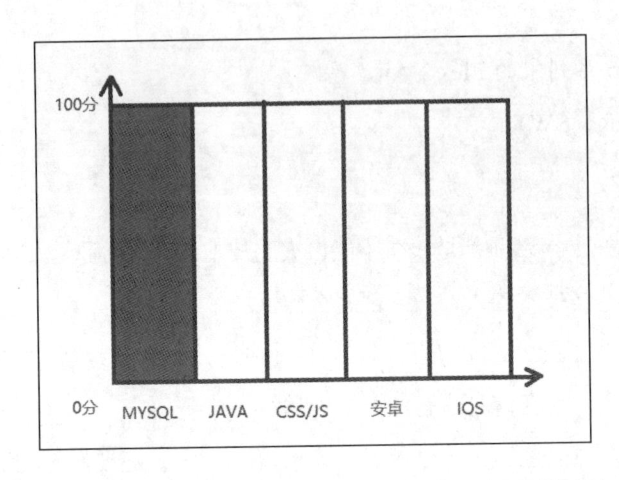


图 3-10　使用五年的时间把一门技术做到 100 分的技能树

李同学 32 岁，工作五年。五年来什么都喜欢学，他在学到一定程度时，只要觉得自己达到了 80 分就不再学了。做项目特别快，虽然不明白底层的算法实现，但是各种框架使用起来得心应手。数据库、编程语言、前端 CSS、JavaScript、Android、iOS 都可以做，项目经验非常丰富，如图 3-11 所示。

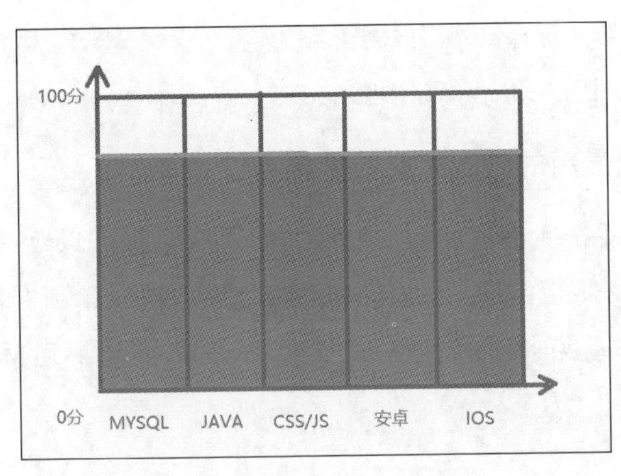


图 3-11　使用五年的时间掌握五门技术的技能树

从图 3-10、图 3-11 中可以看出：绿色区域面积越大，掌握的技术就越多。

在技术界有一个共识：用一年时间就可以把某个技术掌握到 80 分；想把这个技术从 80 分提高到 100 分，还需要四年的时间。对于某一门技术，只要达到 80 分的水平就已经很不错了，足以应付绝大部分难点，剩下的 20 分都属于冷门知识，到时随查随用就可以了，百度、谷歌都是最好的技术手册。

虽然王同学数据库技能已经达到了一百分，达到了大神级，但他付出的代价是：五年时间只掌握一个技能。

李同学虽然在数据库层面不如王同学这么精通，只有 80 分，但在其他的几个热门技术领域里都是 80 分，这是很不错的状态，通过任何一个技能都可以找到相关职位不错的工作。

从实用的层面来讲，李同学具备的知识和能力在实际应用层面是碾压王同学的。公司更加愿意雇用李同学这样的复合型人才。

所以王同学的最好归宿就是在大公司担任研究型的工作（这家大公司 20 年内不会倒闭，例如 Oracle、MySQL），专门做底层数据库的开发。这样，王同学的能力才能得到最大的发挥。李同学的选择就非常多了，可以在多个领域继续深入，或者干脆出来创业，做一名技术合伙人。在国内，李同学这样的人才就是最合适的 CTO，因为他什么都懂。

## 如何学习多种技能

用业余时间做项目。

每天挤出时间学习。在北上广深的程序员，每天在路上平均消耗两个小时，这些时间利用起来是不得了的，不要浪费在玩手机上。

积极主动地工作，不要踢皮球，要学会接球。很多看似愚笨的举动实则大智若愚。

在大方向层面，要有计划地学习 Web 后端、Web 前端、移动端和运维技术。

在细节层面多看相关技术领域的文章。

## 技术债

在技术层面，由于某种原因选择了不太合适的底层架构或者技术实现，统称技术债。

例如，为了赶进度，项目中使用了大量的代码复制粘贴，这就是技术债。

### 技术债的后果很严重

让大家产生厌烦和抱怨情绪，时间一长就会离职。

离职的人越来越多，特别是核心成员离职的话，项目就会死掉，再招新人完全不解决问题。

其实技术债是特别好识别的。当小组中的每个人都觉得工作难做、代码难写、Bug 难改的时候，就一定出了问题。

### 典型的技术债 1：错误的底层架构

例如：在某电商项目，很多地方需要用到搜索和索引。如果最初没有使用全文检索，就会出问题。

再如：一个使用多线程编程语言才能处理好的事情，却要用仅支持单线程的语言去实现。

### 典型的技术债 2：错误的技术实现

在某个股票类项目中，需要 Android、iOS 两个移动端。最开始团队为了追求速度，使用了 Titanium 作为开发语言。开发到后期，发现各种定制化的需求越来越多，很多需求是无法通过现有的组件框架来实现的，特别是在显示 K 线图的时候，无论是使用现有的 Titanium 组件还是自行实现的组件都无法满足性能要求，项目进入死胡同。

最终整个项目组不得不回到原生开发的方式，老老实实地使用 Java、Object C

来开发。

### 典型的技术债 3：低劣的代码质量

代码的质量越低，就越难以阅读和调试，更加难以开发新功能。

低劣的代码质量往往会让人抓狂，可能整个团队的其他成员都不愿意接手和维护。

### 解决方案

最彻底的解决方案基本上都是推倒重来。这个方案必须由团队负责人发起，并承担责任。

向上级汇报问题，请求项目暂停一段时间。

在团队内部开诚布公地提出问题所在，指出问题根源。

找到熟悉该项目全部流程的人员，他是保证代码重构或者重写可以顺利进行的重要因素。

对于低劣的代码要及时重构或重写，记得小步迭代、频繁发布。

这里需要提出的是：技术债往往是由于架构师或 CTO 的失误造成的。另外，绝大多数的软件公司老板是不懂技术的，所以很可能不会支持项目推倒重做，让项目的进度暂停。所以，这里需要项目负责人做一些比较灵活的处理，或者干脆不要说，直接干就是了。

## 一种高效的需求分析方法：可视化分析

### 用户的需求特点：不明确

需求是需要引导出来的。很多时候我们会遇到可怕的“一句话需求”。

程序员如果遇到含糊的需求会把它往某个方向想：

- 经验丰富的程序员偏向于往简单里考虑。因为项目经验太丰富了，什么花样的需求都见过。

- 无经验的程序员偏向于往复杂方面考虑。因为刚入行，还没见识过真实的甲方和真实的编程世界。

这两者如果都是自行思考，不跟用户沟通，那么跟真实的需求往往是不相符的。

所以要善于挖掘出客户的需求。有趣的是，在跟用户的沟通中，对于没有项目经验的人（例如第一次找外包），问他要什么，他的回答永远都是“我都要”。对话往往是这样的：

需求方：我希望有用户注册的功能。

乙方：用什么注册？ 手机？邮箱？

需求方：最好都要。

乙方：手机注册的话，要发送验证码吗？

需求方：要。

乙方：需要第三方的支持吗？比如 QQ、微信？

需求方：呃……要的。

乙方：需要支持微博吗？

需求方：对！这个也要！

这种问答，直接体现出用户对于技术问题的不懂，所以完全就是能要就要、能有就有。所以，我们问完这些问题后还不算完，要告诉对方：

- 手机注册的工作量。
- 第三方登录的工作量。
- 对微信/微博等支持的话，需要用户提供哪些材料（证照等）。

让需求方体会到这些功能都是需要消耗人力和财力的。

很多时候，用户的需求也往往是一句话需求。我们必须让他们耐心地坐下来，把心中的需求落实到纸面上，做到需求可视化，具体请看后面的内容。

100%的甲方都无法准确提供需求。因为就算专业的软件公司自身也无法给出精准的需求。精准的需求不是烦琐的文字，而是可视化的内容，同时还具备必要的可用于项目验收的作用。

## 方法概述

我们团队做产品设计的方式是先把原型图做出来。这个方法行之有效，实践验证了它是梳理需求的神器，是治疗“一句话需求”的良方。

准备好一张大白纸和黄纸片（纸片是黄色的），然后快速手绘项目。

有多少个页面，就画多少个，记得标记出每个页面的跳转关系，如图 3-12 所示（局部图）。

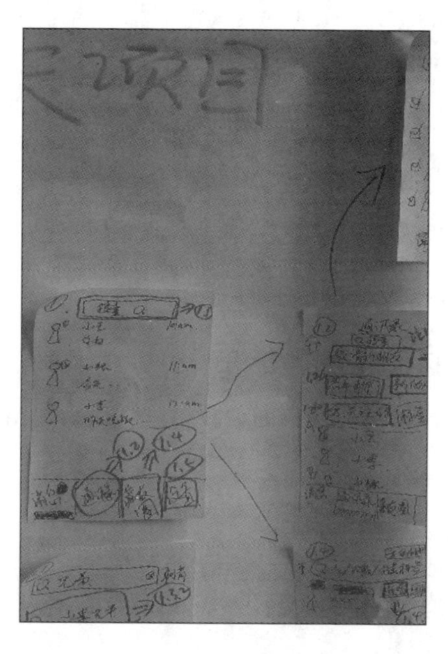

图 3-12　大白纸和上面的黄纸片局部图

经过美工的润色之后，原型图就从大白纸变成了 Photoshop 中的设计图，如图 3-13 所示。

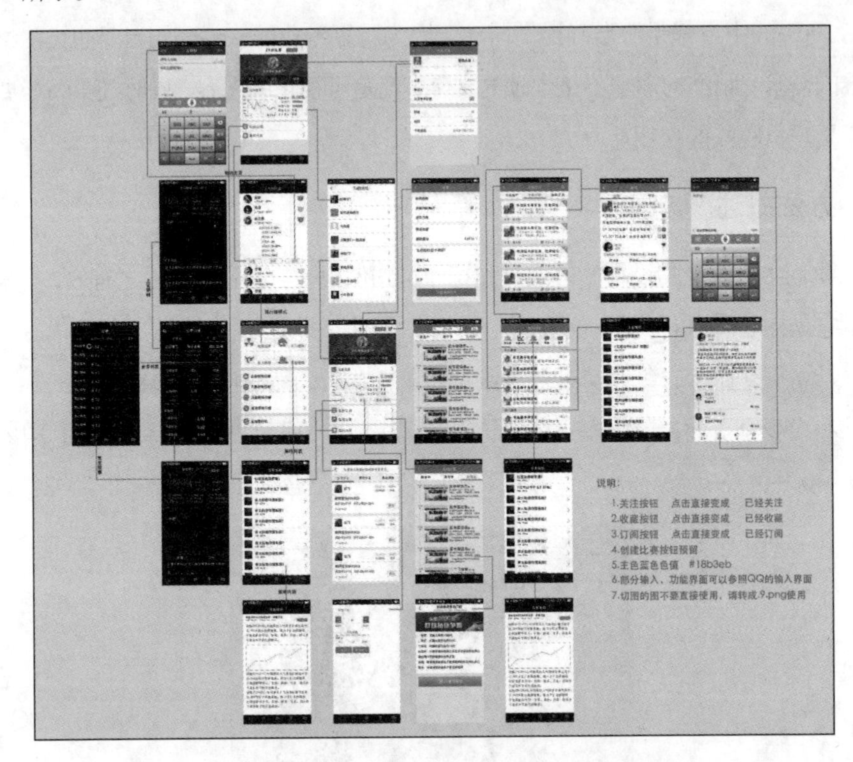


图 3-13　美工根据大白纸上的原型图设计出来的 UI 界面

所以，只需要按照这个模式整理出所有的功能页面、标记出页面之间的跳转关系，开发方就可以针对每个页面估算时间，最后得出累计成本。

## 具体方法

笔者给这种建模方法起了一个通俗名字，叫大白纸黄纸片建模法，原理是 UI 驱动设计。国际著名的软件咨询公司 ThoughtWorks 也有类似的方法，被称为 Inception（盗梦空间）。

有读者会问：现今有很多电子化的工具可以用，为什么我们要回归原始呢？笔者从业十多年，各种各样的建模工具都接触过，比如 UML、Rational Rose、Microsoft Office Visio、在线设计软件等，这些都属于电子化办公，但是有很多缺点：

- 效率低下，用鼠标画图不如用笔快。
- 屏幕太小，可以展示的内容有限，无法让人快速理解。
- 越是精心制作的内容，作者就越不愿意修改。我们的目的是拥抱变化。所以，有变化就应该立刻改，拿起笔来就写，不满意就撕掉，分分钟的事儿。如果是电子化的东西，内心是不愿意修改的。

我们可以把大白纸悬挂在最醒目的角落，需要的时候可以随时看；电子化的东西则不可以。

这套快速建模的方法，两三个小时就可以把“一句话需求”转化为具体的产品，然后借助一些工具（例如 Mockplus、墨刀）来定型，直接去讲故事。传统建模方法的桌面如图 3-14 所示。

用传统工具最大的好处是快速，伸手就来，想到点子动手就画。

图 3-14　传统建模方法的桌面

**步骤 1：准备纸**

准备一张大白纸、胶水、长条形的黄色便笺纸和透明胶带。

大白纸：所有的线和字都写在上面。白纸能忠实地记录所有信息。不用画板的原因是画板一擦，内容就全没了，不能留存。

胶水：为了把便笺纸贴牢。我们在实际操作中发现便笺纸会扭曲变形，而且粘上去很快就会掉下来。

便笺纸：购买黄色的，它的视觉效果比其他颜色好很多，更加醒目。而且记得买长方形的那种，横着放就是电脑屏幕，竖着放就是手机屏幕。

透明胶带：用来把大白纸直接贴到墙上。

**步骤 2：准备笔**

需要至少三种：黑色细笔、红色粗笔、绿色粗笔。

黑色细笔：用来描绘页面的基本结构，普通的笔就可以。

红色粗笔：标记页面的跳转。

绿色粗笔：表示注释。

**步骤 3：页面的结构**

每个页面都是这样组成的：页面名称 + 内容。

使用方框表示输入文字。

下拉选择框应该是一个黑色的向下三角形。

图 3-15 所示的典型注册页面就具备了上面的所有要素。

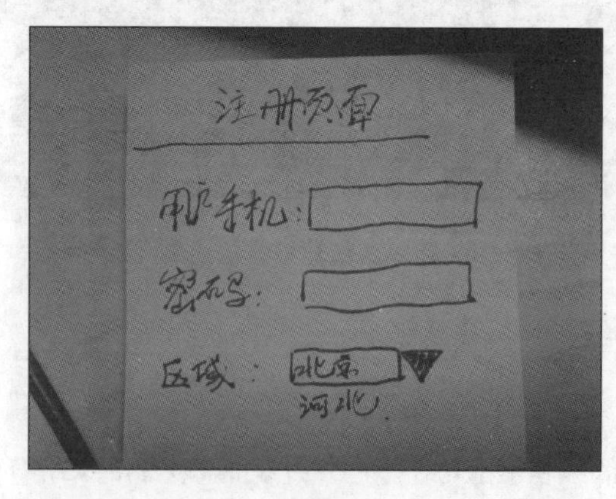


图 3-15　典型的注册页面

弹出窗口文字、警告等应该有阴影，如图 3-16 所示。

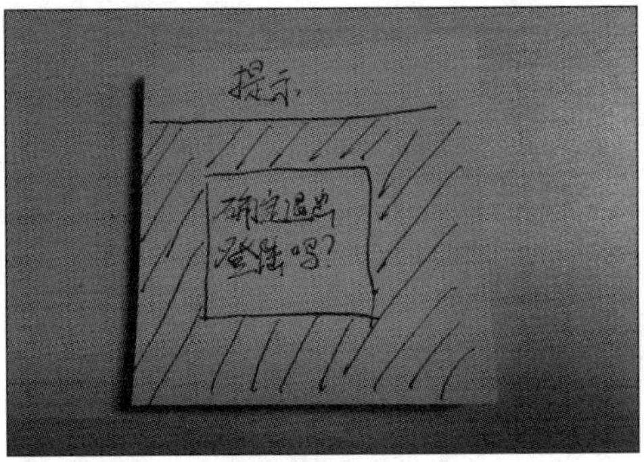

图 3-16　弹出文字和阴影的表现手法

所有可以点击的按钮都要用红色方框划上，然后标记好它的下一个页面。

### 步骤 4：大白纸的结构

挂好大白纸后，原则上是按照从上到下、从左到右的顺序贴上黄纸片；左上角或者右上角通常是用户图标，它表示操作角色的页面入口。大白纸的基本结构如图 3-17 所示。

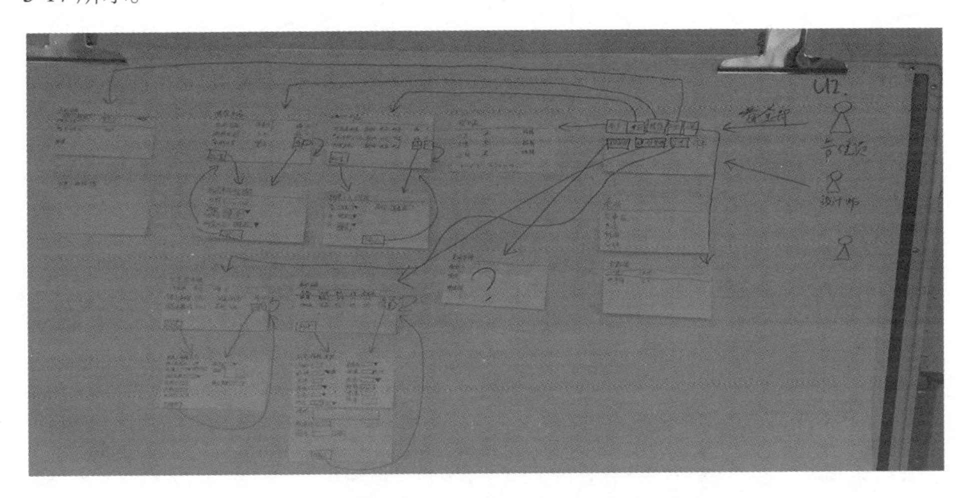

图 3-17　大白纸的基本结构

### 几个示例

2015 年 4 月 10 日完成的一个 iPad 端 App 的原型图，如图 3-18 所示，拍摄于一米开外。可以看到清晰的红色箭头、绿色的注释、黄色纸片上的按钮和黑色文字。左上方的蓝色用户图标是 App 的起点。

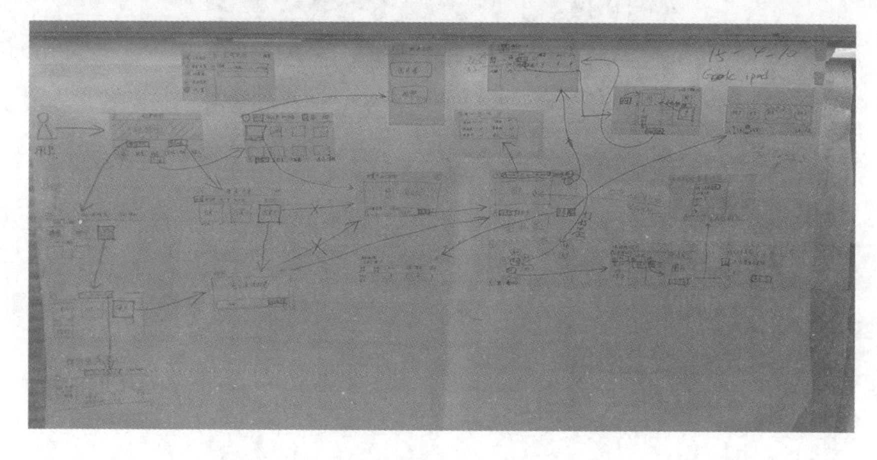

图 3-18　某项目 iPad 端的原型图

下面看另一个例子。图 3-19 所示为某顺风车项目的 App 端原型图。

图 3-19　某顺风车项目的 App 端原型图

下面再看一个更加完整的例子。图 3-20 所示为 PC 端、iPad 端和数据库的原型图，左侧是无线端 App，中间是 PC 端管理员后台，右侧是服务器的数据库设计。

图 3-20　PC 端、iPad 端和数据库的原型图

## 几点注意事项

在建模实践中，要让程序员参与进来效果会更好。也就是说，谁亲自动手，谁对整个流程了解得越深入。

一定要用红粗笔来标注页面的跳转，站在一米外都可以看得很清晰，非常方便在开会时讨论和研究。

约定好颜色：红色表示页面的跳转，绿色表示注释。三种颜色就够了，否则看起来很乱。

不要连笔字，字迹要清晰。因为这是给其他人看的。连笔字效果不好，难于辨认，而且有一种乱乱的感觉，这是建模中最应该避讳的。

表意要明确。填写上去的内容要是具体的例子，而不是抽象说明。例如，下面是两个输入框的文字。

手机：手机号　　　　　　　　　　手机：13344445555

密码：密码　　　　　　　　　　　密码：******

可以看出，左侧的内容过于抽象，右侧的内容属于真实的数据。

黄纸片要贴得横平竖直，例如大致都分布在同一横线或者竖线上。

只能省略第三方的页面，例如QQ登录、淘宝支付、手机拍照等；否则，再简单的页面也不要省略，例如忘记密码页面等。页面越齐全，越能准确地估算工作量。

标注好页面的入口，例如从登录页面开始。

## 登录页面一般分成两端

- 手机App端。
- 后台管理员（PC端）。

如果是B2C的系统，就是：

- 普通用户的App。
- 商家的App。
- 后台管理员的PC端。
- 商家的网站。

## 估算工作量

估算工作量分成两种：

- 画出的页面的工作量，这些在上面已经看到了。
- 对App来说存在看不到的工作量，包括：
  - ★ 消息推送。
  - ★ 不同机型和屏幕尺寸的适配。

## 代码质量

代码质量是最重要的。高质量的代码可以让开发更顺畅、后续的维护更简单。判断代码的质量高低往往用以下几个标准：

1. 良好的命名。好的命名甚至可以让不懂软件的人看懂代码，只要他英语过关就可以。例如：

- save_to_database 就是一个良好的命名，让人一看就知道是“保存到数据库”，而且没有缩写。
- sv2db 就是一个很差的命名。哪怕它的本意是 save_to_database，大家也不要使用这种缩写。
- var red="green" 就是一个很差的命名，这个变量的值明明是 green（绿色），变量的名称却是 red（红色），这样的程序看一会儿就会让人发蒙。

2. 良好的代码重用。之前曾经提到过 DRY 原则，只要不是随处可见的重复就可以。

3. 合适的架构设计。使用的技术对于整个项目非常合适，对项目组的实力也非常匹配。不过于复杂，也不过于浅显。

## 良好的命名是最好的注释

注释的作用不如清晰明了的方法命名。我们看下面两个例子：

```
// 该方法是向用户的手机端发送验证码。
public void func1( ){ }

// 该方法是向用户邮箱发送重置密码的链接。
public void func2( ){ }
```

上面两个方法的命名就很成问题。func1、func2 完全无法表达出它们该有的意思。这个开发者让自己少敲了几个字母，但是在后续的使用中需要耗费大量的精力来区分哪个是 func1、哪个是 func2。

再看下面这两个更加过分的例子：

```
// 卖出咖啡
public void buy_coffee( ){ }

// 颜色设置成红色
public void set_green( ){ }
```

上面两个例子中的注释是彻底错误的，直接给人误导。

修改的方法有两种：

- 修改方法名，把方法名变成自解释的（self-explaination）。

```
// 该方法是向用户的手机端发送验证码。
public void send_validation_code_to_user_mobile( ) { }

// 该方法是向用户邮箱发送重置密码的链接。
public void send_validation_code_to_user_mobile( ) { }
```

- 错误的注释要直接删掉。

## 为什么不要注释

90%的注释是不需要的，因为它会过期。我们看一个例子。

在某项目第一次迭代中，有一个方法如下：

```
# 发送验证码到用户手机
send_validation_code_to_user_mobile( ){
  send_validation_code( )
```

```
    }
```

在第二次迭代中，增加了新方法来记录日志，代码演变成：

```
# 发送验证码到用户手机
send_validation_code_to_user_mobile( ){
    send_validation_code( )
    # 记录日志
    save_log( )
}
```

在第三次迭代中，增加了新方法来发送邮件提醒和站内短信提醒，代码演变成：

```
# 发送验证码到用户手机
send_validation_code_to_user_mobile( ){
    send_validation_code( )
    # 记录日志
    save_log( )
    send_email( )
    send_local_message( )
}
```

可以看出，代码在不断地演变。第一次迭代的时候，该方法跟注释的内容是一致的。但是随着时间的推进，代码跟注释相差得越来越远。

作者可能在第一次、第二次修改这个方法时更新了注释，之后慢慢就荒废注释了。到项目后期，你会发现，注释说明跟方法差了十万八千里。

10% 需要注释的情况是由于逻辑过于复杂，可能会复杂到连开发者都觉得这块代码很难。这时正确的注释才是必要的。

## 不要使用缩写

由于早期 C 编译器的限制，一个变量最多有 8 位字母。MyBanana1 和 MyBanana2 在编译器看来是一个东西，所以出现了各种各样的缩写：

- manager 缩写成 mng。
- implement 缩写成 impl。
- array 缩写成 arr。

如果说上面的写法在“很啰唆”的传统语言中勉强可以接受（例如 Java、Object C），那么下面的缩写就不能忍受了：

- night 缩写成 nite。
- height 缩写成 h8。
- nhk48（不知道这是什么）。

请记住：代码的可读性永远排在第一位。代码的可读性直接影响着项目的开发、维护成本，以及基层员工的积极性和工作效率。

## 慎用匈牙利命名法

匈牙利命名法是指在命名时加上一些不必要的前缀。例如：

```
// s 表示 string ，下面是一个 string 类型的变量
sName = 'DASHI'

// i 表示 integer，下面是一个 integer 类型的变量
iSum = '100'

// a 表示 array，下面是一个数组．
aApples = [Apple1,  Apple2]
```

无论是变量、方法还是 Class，都大量使用了这个命名方式，特别是 Object C 语言大量使用了匈牙利命名法和奇怪的前缀。

这些前缀的负面作用远大于正面作用，坑害了一批人。读源代码最多的是作者自己，90%的情况下都是自己在读源代码，10%的情况才是给别人看，菜鸟写的代码没有人看。

微软在当初开发 Office 的第一版时对文档的行和列做了变量命名的区分，例如：

```
// 该变量表示一个 row 对象
rowX
// 该变量表示一个 column 对象
columnY
```

在早期 IDE 不太完备、编程语言比较底层的时代，这样为变量命名是可以接受的。从变量名字就能知道它的类型。但是目前来看，99%的情况是不需要使用匈牙利命名的。很多 IDE 都具备这个能力：把鼠标移动到变量上，就会自动显示它的类型。

除了类型之外，还会显示：

- 它的继承的层次（父类、父类的父类……）。
- 它的方法。
- 它的类常量。
- 其他的信息，甚至包括注释。

既然这么高级了，我们就没有必要把一些内容放到变量的命名中了，所以大家务必要慎重对待匈牙利命名法，能不用就不用，非要用就慎重地用。

## 废代码

废代码（Boilerplate code）往往是由语言层面的特性决定的，它具备这样的特点：

- 有它吧，没任何意义。
- 没它吧，代码没法编译或者运行。

HTML 语言中的废代码如下：

```
<html>
  <head>
  </head>
  <body>
  </body>
</html>
```

Java 语言中的废代码如下：

```
package  com.mypackage;

import  …
import …
import …

public class X{
  public void setY( ){
  }
  public String getY( ){
  }
}
```

对于废代码有一个很有意思的现象：新手和高手都很抵触。

- 新手会想：我为什么要写这些？看起来没意义啊！
- 高手会想：我为什么要写这些？写了这么多年，似乎很啰唆啊！

只有那些熟悉了这个语言，使用了两三年的中级水平用户会很习惯写这些废代码。所以回想一下，你正在使用的编程语言中是否有废代码？你是否已经习惯了它们呢？

## 看起来美好却不实用的技术

在软件开发的世界中有很多看起来很美好的技术，它们的本意是方便开发，结果经过实际的检验却没那么好。读者在实际项目中遇到时就要小心了。

### 屏幕自动适配

自适应的技术，能够提供在不同尺寸的屏幕上显示同样的内容。例如，在手机上（600px 以下）是一种布局，在 PC 显示器上（1024px）是另外一种布局。在实现技术上讲，是用一套 HTML+CSS 代码让多种设备（横屏、竖屏、大屏、小屏）都可以适配。

目前的实际经验是：

要达到最好的效果，必须分别实现。

要让小屏幕跟大屏幕的内容互不影响，否则容易“按下葫芦浮起瓢”。例如，在 PC 上明明显示非常正常的页面，放到移动端就显示不好。等移动端 H5 页面修改好之后，再看 PC 端页面又不行了。

太多时候，两个端的显示内容是完全不一样的。例如，某个广告需要在大屏幕上展示，在小屏幕上不展示。

适配也是有限度的适配。例如：

- 移动 Web（WAP）屏幕：一套代码。
- PC 屏幕：一套代码。

## 语言的国际化（i18n）

i18n（internationalization）是指能在不修改代码的前提下针对不同的语言来显示。图 3-21 所示是一个 i18n 的代码例子，分别使用英文和法文向人问好。

```
# config/locales/en.yml
welcome: "Welcome, %{name}!"

# config/locales/fr.yml
welcome: "Bienvenue %{name} !"


> I18n.locale = 'en';
> I18n.t(:welcome, :name => 'Charlie')
=> "Welcome, Charlie!"

> I18n.locale = 'fr';
> I18n.t(:welcome, :name => 'Charlie')
=> "Bienvenue Charlie !"
```

图 3-21　i18n 的代码例子

国际化看似美好，实则不容易。如果公司的产品只面向国内用户，建议不要使用任何国际化。国际化的缺点是：

1. 让代码变得异常臃肿、难于调试，如图 3-22 所示。

```
<% if @promotions.any? %>
  Question promoted by <%= @promoter.name.capitalize %>
  to <%= @promotions.size %>
  <%= @promotions.one? ? 'person' : 'people' %>
<% end %>
```

图 3-22　由于 i18n 变得臃肿的代码

2. 很多语言之间是结构完全不同的。你很难把握翻译的粒度：是根据每个字来翻译，还是根据整个句子来翻译。

3. 无法保证其他语言的代码及时更新，如图 3-23 所示。

```
# Schema: group by category(log, notice, etc.), use interpolation(ie: %{item}), anything from user perspective(i
cn:
  name: 蛋白石(Opal)
  greeting: 你好, %{name}! #Hello %{name}! # call with t(:greeting, :name => "John")
  # Seed data used in Installation
  seeds:
    setting:
      site_title: 我的Opal网站.# "My Opal Website"
      site_description: 自由, 开源的内容发布网站 "The Free, Open Source, Item Management System. List Anything!"
    category:
        uncategorized:
          name: 未分类 #"Uncategorized"
          description: 这里面的东东太棒了。# "Things that are just too cool to fit into one category."
    page:
      banner_top:
        title: 顶部横幅 #"Banner Top"
        description: 这里的内容会放在侧栏的顶部。适合放广告图片, 或者 javascript. # "Any content added here will show at
        content: ""
      banner_bottom:
        title: 底部横幅 # "Banner Bottom"
        description: 这里的内容会出现在侧栏底部 # "Any content added here will show at the bottom of your site. Usef
        content: ""
      terms_of_service:
        title: "Terms of Service"
        description: "The Terms of Service for new users."
        content: "<h1>Terms of Service</h1>By joining this site, you agree not to add or submit any damaging or
      new_item:
        title: 新的产品 # "New Item"
        description: "This page appears when a User is creating a new item."
        content: ""
      email_footer:
        title: Email 签名 #"Email Footer"
        description: "This appears at the bottom of any automated email."
        content: "This is an automated email. Please do not reply."
```

图 3-23　翻译了一半的 i18n 文件

图 3-23 显示的是一个开源项目，可以从中看出作者正在根据英文来翻译中文。其中很多部分都没有及时更新，显示的内容仍然是英文。

读者可以参考一个著名的 PPT：http://de.slideshare.net/HeatherRivers/linguistic-potluck-crowdsourcing-localization-with-Rails，它把 i18n 的问题分析得非常透彻。

## 不同语言之间巨大的语法差异

不同的语言之间语法差异非常大，包括下面几个方面：

1. 时态问题。以英文为例子，短短的六个单词可以存在九个语态，如图 3-24 所示。

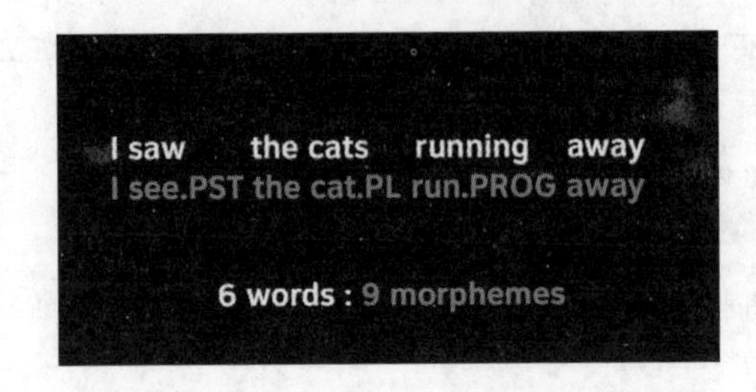


图 3-24　某些语言的时态问题

2. 不同语言的单数、复数问题，如图 3-25 所示。

图 3-25　某些语言的单复数问题

中国的软件公司面对的基本都是国内受众，绝大多数项目不需要国际化，所以把精力专心放在做产品上，而不是翻译上。

最佳实践：如果在项目中使用了某个开源项目，并需要把它改造成自己的项目，不要保留 i18n！

## 多数据库的同时适配

绝大部分数据库持久层框架（例如 Java 中的 Hibernate、Rails 中的 Active Record）都支持多种数据库，使我们可以在多种数据库之间平滑地切换，几乎不用修改代码，例如对于分页语句的处理就非常理想。

从数据库的 students 表中读取前十条数据，原生 SQL 语句可能是：

```
MySQL: select * from students limit 10;
Oracle: select * from (select t.*,rownum as rowno from students )
```

```
where rowno between 1 and 10;
    SQL Server： select top 10 * from students;
```

上述代码可以通过 Rails 的代码实现：

```
Student.limit(10)
```

但是在实际中我们往往会遇到困难：

1. 不同的数据库使用不同的语法结构。例如，有的数据库支持嵌套型的 select 语句，有的不支持。

2. 就算使用的全都是标准 SQL，在迁移时也会出现结构不统一的现象。例如，在 Rails Active Record 中，bool 类型的列在 MySQL 下是 boolean、在 SQLite 下是 int(1)。

根据实际经验，国内无论是软件外包公司还是互联网公司，一个项目开始之后是不会更换数据库的，90%都是 MySQL。

### 其他

不要过度依赖人工智能，特别是以下几个领域：

- 翻译，例如英译中。
- 图片识别。
- 文字（普通文本）到地理位置（经纬度，或者所在城市街道）的识别。

虽然目前上述功能在国内都有基本成熟的应用，但是成功率没有达到 100%，很多结果都需要人工校正，所以在实际项目中如果要跟它们打交道，要做到心中有数。

# 为什么要自己搭建博客

## 要学会分享和开放

阻碍新人写博客的是两个主要因素：

- 本身懒。
- 有顾虑，认为知识要藏起来、好东西要自己留着。

特别是有第二点顾虑的人更多一些。很多人宁可把知识记录在自己的硬盘角落里，也不愿意写博客。

其实有两个事实：

- 聪明的人，早晚会学会他想学的东西。
- 不开窍的人，即使把干货放到他眼前，他也看不见。

所以没必要敝帚自珍，把东西藏着掖着。

## 博客是重要的名片和笔记

通过博客可以显示出这些信息：

1. 你是专业的。当别人打开你的博客，看到的都是专业文章的时候，往往会引来一片赞叹。

2. 你的技术轨迹可以被人看到。去年记录了哪些技术，五年前记录了哪些技术。

3. 博客是自己最好的笔记。任何技术在我们第一次研究、使用的时候都是最难的，如果第一次的难度系数是 90，那么以后每次使用该技术的难度系数是 5 左右（看一眼笔记，就可以无脑地复制粘贴）。

### 写博客可以极大地提高表达能力

写博客的过程是不断提高自己表达能力的过程。经常写文章的人语法严谨、思路明晰。因为写文章的人是自己的第一个读者，哪里段落通顺、哪里有语病自己都会第一个发现。

## 追求自动化

自动化是程序员永远的追求，本质是避免无意义的重复。

程序员老兵的思维能力和快速反应能力可能不及刚入行的新人，体力也不如新人（新人可以轻松加班、熬夜、通宵），但老兵的生产力往往快过新人好几倍。除了经验之外，就是对自动化工具的使用。

我们在编译、部署、测试、打包的时候都要用到自动化。

### 编译的自动化

- C 语言开发：使用 make。
- Java 开发：使用 Ant、Maven、Ivy。
- Android 开发：使用 Gradle。

上面这些工具一定是程序员在职业生涯的前半年就必须掌握的。

### 部署的自动化

这样的脚本有很多。

Java 世界中的 Ant、Maven 可以用来打包；Python 中 Fabric、Ruby 的 Capistrano 则是部署自动化的好工具。

Capistrano 是我最推崇的，它可以为几乎所有需要在服务器端运行的语言做部署，它的核心功能是：

1. 更新远程源代码。

2. 保留历史的部署版本，可以做回滚。

3. 非常方便地重启服务器，运行系统命令。

4. 自动执行用户设置的自定义命令。

笔者特别录制了视频课程，感兴趣的同学可以来免费学习（http://edu.51cto.com/course/11237.html），时间大约为 2 小时。

这里需要提及的是：

不管是否使用 Capistrano/Fabric，运维同学都一定要把自己的部署脚本做成自动化，这会让你的人生过得特别美好，绝对不要每次都手动部署。

不要自己写脚本。自己写的脚本质量很低、容易出错，一定要使用 Capistrano 或 Fabric 这样成熟的第三方工具。

### 测试的自动化

对于程序员来说，单元测试就是自动化的一种实现：输入一行命令就可以运行上百个单元测试，让人在第一时间知道测试通过百分比，进而了解当前系统的健康度。

单元测试也是持续集成的基础。持续集成的本质是：每隔很短的时间（例如几分钟）就运行一遍所有的单元测试。

测试同学不要人肉做黑盒测试（功能性测试），要把“点按鼠标，敲击键盘”都做成脚本，不断地重复播放。

自动化测试工具有很多，例如：

- 测试 Web 页面使用的 Selenium。
- 测试 App 使用的 Appium。

# 第 4 章
# 如何管理技术团队

管理离不开实践。管理又跟游泳一样，没有呛水就学不会。

对于技术团队的管理者要求更高：不但要具备管理水平，还需要具备足够的技术能力和对团队成员心理的把握。

国内的技术团队管理者往往是由技术人员上升而来，这样的人往往天生不具备管理能力，管理起来容易简单粗暴，必须经过后天的不断学习才能成长起来。

本章不会对管理进行特别深入的阐述，但是会总结一些软件层面的管理技巧。希望读者读完本章之后，再继续阅读《管理的实践》和《中国式管理》等相关书籍，反复揣摩，不断地总结和提高自己的管理能力。

## 基本的管理原则

### 就事论事

管理者在谈论事情的时候，永远要把关注点放在事上，而不是人上。例如，谈论事情的两种方式：

- 好的方式：你这件事情做得不对，在 XX 环节上应该这样做……
- 差的方式：你是不是因为脑子坏掉才这样做的？小学毕业了吗？……

### 任务划分得当、精确到人

要把一个任务精确地细分，然后让每个人手上都有任务，并且开会时要让所有人都知道谁在干什么。

好的划分方式是每个人都有事做，很忙碌。

差的划分方式是闲的闲死，忙的忙死。

把一个任务同时划分到几个人头上。

绝对不要同时给多个人下达任务。每个人都会想：这个任务做砸了谁负责？是不是我们需要先决定出一个小 BOSS？如果事情做砸了也无法责任到人，法不责众。

### 公平公正

一个好的团队领袖永远是公平公正、不偏袒任何一方的。遇到问题有据可依，不任人唯亲，这样的领导者才会博得团队成员的认可和追随。

做到公平公正说难也不难。只要之前跟团队打好招呼，打好预防针，就可以很好地让团队成员知道规则。

### 保持开放的氛围

好的管理者会让整个团队具备畅所欲言的氛围。例如，好的管理者会告诉团队的成员：

- 你负责办事，我负责解决困难。
- 事情办好了功劳是你的，出了问题我来承担责任。

## 程序员的特点

程序员是典型的知识分子，外界人员很难打入这个圈子。程序员具有下面的特点。

## 容易骄傲

例如，公司的 CTO 是不懂技术细节的。只有一线的员工才知道。这个情况造就了基层掌握的技术知识比领导要多，容易骄傲。

所以领导一定要有魅力才能够领导好这些技术分子。程序员一旦发现自己的能力比领导强，就会在某种程度上不认可领导，这会对团队的管理者带来很大的挑战。程序员难以管理也是这个原因。

## 程序员之间的鄙视链

程序员之间的骄傲和不服气也会直接导致一系列的鄙视链，例如：

- 服务器后端开发人员鄙视手机移动端开发人员。
- iOS 开发人员鄙视 Android 等其他移动端开发人员。
- 服务器端和手机移动端开发人员鄙视 H5 端或者网页前端开发人员。
- 开发人员鄙视测试、运维人员和产品经理。
- 所有开发人员都鄙视其他与自己使用不同编程语言的开发人员。

## 比较单纯

大部分程序员只跟电脑打交道，不会像销售人员（例如房产中介）一样每天都在跟人打交道，所以具备的心理特点是：

- 说话直接。
- 内心单纯脆弱敏感。因为日常的工作往往条件非常好，办公室往往是 5A 级写字楼，用的设备是最好的，不会像房产中介那样被风吹日晒挨白眼，所以容易玻璃心。
- 特别容易被感动，情感控制力不如销售人员。
- 看问题容易极端。

## 有职业病

看问题非黑即白，不是 True 就是 False。看问题容易极端化，头脑中没有灰色地带的概念。

使用传统语言编程（需要编译过程的语言如 Java、Object C）的程序员容易暴躁，会感觉工作压力特别大，这跟平时使用的语言有很大关系。传统语言的特点是：语法烦琐、废代码多，往往写上近百行代码也做不了一件事情。例如，在 Java 的 Web 开发框架 Spring 中要实现两个页面，可能要修改 5 个文件：

- Spring 配置文件（xml）。
- 数据库配置文件（mapping xml）。
- 前台展现页面（jsp）。
- 后台的 controller（java）。
- model（java）。

所以使用传统语言编程的程序员往往对工作会有逃避心理，遇到问题不愿意改代码，因为每次修改代码都是特别痛苦的过程。

相对来说，使用新型语言（如 Ruby、Python）就没有这个职业病，因为这些代码写起来效率更高，更加容易。如果大家去参加一些程序员聚会就会发现：这些使用新型语言的人情绪和性格都比使用传统语言的人的性格要阳光开朗很多。

## 容易自我关闭

大部分的技术团队成员都是沉闷的。他们在平时的工作中不爱说话，甚至在和同事吃饭的时候也不说话。

在整个团队聚餐的时候（例如团队建设、春节聚会），不少程序员全程几个小时居然一句话不说，永远保持沉默。你不理他，他永远都不会理你。

特别是如果团队领导是一个沉默的人，那么这个情况更甚。

## 技术人员的性格特点

团队中技术人员的特点是：

### 实力决定地位

跟“文无第一，武无第二”一个道理，团队中的技术人员很容易分辨出谁是第一：

- 别人都搞不定的时候，他可以搞定。
- 别人可以搞定的时候，他搞得最快。

### 诚实才会走远

技术人员应该永远都是客观的，出了什么问题就应该勇于承担什么问题。我所见过的技术高手一般都非常诚实，只有这样才能够把技术做好。反而是一些具有小聪明的人，喜欢推卸责任，在一些情况下不说实话，他们在技术的道路上往往走不远。

### 高压政策下容易踢皮球

软件开发永远都会有 Bug，永远都会出错，没有一款软件会说自己是完美的、没有任何 Bug。所以不要对程序员采用太高压的政策。越是高压，程序员就越是没有工作积极性，也不会主动承担责任，反而会催生“踢皮球”的隐藏技能。

当踢皮球成为一个团队的常态时，那么大家每天的工作内容就是内部开会、吵架、立山头，能干活的人都离职，剩下的是资质一般不敢跳槽的平庸员工了。

所以，任性的领导才会简单粗暴，聪明的领导都是主动激发员工的积极性。

### 性格趋于内向

所有的程序员性格都容易趋于内向的。

- 团队的领导内心不够开放，那么下面的所有人一定都是比较内向的。
- 即使团队的领导外向，下面也有很多人是内向的。

所以，团队的领导者一定要让自己的团队有活力、正能量，平时就要多鼓励大家畅所欲言，鼓励大家释放自己的个人情绪，鼓励大家多进行沟通，做一个开朗外向型的人。

### 正能量与负能量

负能量永远是具备传染性的，对团队来说非常危险。

如果某个人的实力不行，工资却高过大部分的人，一旦消息传开就会对团队产生摧毁效果。

如果某个人的性格内向、阴沉，也会传染给其他人。

笔者曾经带过这样的队伍：有个人的性格比较阴沉，充满了负能量，偶尔会在代码中写粗口。当时笔者还没有太多经验，希望挽救一下，给他身边安排了 4 个正能量的人。结果过了 3 个月，这 4 个人也开始负能量了。

虽然后来开掉了这个负能量的人，但最好的解决办法还是一开始就不要招聘这样的人，哪怕项目再急也要避免，因为人的性格是基本不会改变的。

## 技术团队的内部矛盾

技术团队不好领导的根源就是矛盾太多。只有准确地认识到这些矛盾的根源、正视这些矛盾，才能很好地带领团队、把工作做好。

### 程序员跟产品经理的矛盾

在程序员看来，一切设计都应该是有序的、符合算法的。而产品经理则需要从公司的角度考虑问题、实现产品、增加功能，做出迭代的产品。简单说就是：

- 产品经理提出的需求短时间内做不完。
- 产品经理提出的问题，在技术上很可能表现外行，这在程序员眼里就是愚蠢。
- 遇到问题时，程序员如果沟通能力弱，就容易抛出充满了技术术语的话来应付，产品经理无法理解。

解决方案是产品经理最好懂技术。特别是在国内的团队，这样就可以更好地跟技术人员沟通，不会出现遇到问题被技术人员用晦涩难懂的术语给搪塞回来的情况。产品经理懂技术的第二个好处是不会问出比较愚蠢的问题。懂技术的产品经理在程序员中是有威望的。

### UI 跟程序员和产品经理的矛盾

UI 的工作不好做。

UI 无法让所有人都满意，因为每个人的审美观点都不一样。UI 做出来的设计可能公司的一号人物喜欢、二号人物不喜欢。

改改改是常态。如果跟某个经验不足的产品经理搭档，一个网站的版式修改十版都是可能的。

与程序员核对界面时，UI 的注意力往往会放在字体、字号、圆角上。这些通常是程序员完全无视的地方。

解决办法：

- UI 的方案由一个人来敲定，不要让所有人都拿主意。每个人都有决策权就是每个人都没有决策权，项目一盘散沙。UI 要抓住这个决策人的喜好。
- 对整个项目的来龙去脉有充分的了解，掌握的信息量越大越好。了解得越多，做出的设计越贴切。

- 心态要好。对于“色彩斑斓的黑色”这样的需求要处理好。
- 掌握与程序员沟通的技巧。要能说服程序员，程序员也需要主动意识到自己应该做出跟 UI 设计一模一样的界面来。

## 产品经理跟老板的矛盾

老板分成传统企业老板和互联网企业老板。

- 传统企业的老板几乎完全不懂互联网，一些老板甚至连电子设备都不会用。这种情况下，传统企业老板提出的点子一定要交给产品经理去做，再由产品经理作为老板和技术团队之间的沟通桥梁。
- 互联网公司老板虽然懂得很多（往往比产品经理懂得更多，他们可以算作是大产品经理），但是每天要权衡的东西特别多，没有太多的精力去考虑细节，也需要产品经理先把他的点子细化处理、做出原型图，再交给技术团队实现。
- 所以产品经理跟老板最大的矛盾是由于看问题的角度不同，信息量不同引起的。技术细节与老板想要的不一致，具体表现就是：
- 方案被推倒重做，需求被变更。
- 产品经理提出的问题老板不理解。

解决办法：

- 多跟老板沟通。大事小事都要多请示，避免需求变更。
- 对于不懂互联网的老板要多引导，让对方快速学习相关的知识。老板都是很聪明的，会学得很快。
- 需求变更时要让技术团队很好地接受，不要让技术团队对公司的角色有意见；另外，也要让老板知道需求变更的代价。

### 程序员跟测试人员的矛盾

如果测试人员测得太细致，就会发现到处都是 Bug。如果测试人员测得不细致，出了问题就是测试人员的问题，黑锅背得很委屈。

曾经有一个朋友，一天被提了 200 个 Bug，包括某些文字标点符号的错误，这从表面上看起来是不近人情的。这个朋友很快就提出离职。

解决办法：

- 程序员和对口的测试人员要多在一起吃午饭，强化“我们是一个团队的队友”这种意识，这样有了问题比较好沟通。
- 出了问题双方都要主动承担责任，程序员应该更加主动一些。
- 程序员可以给测试讲解程序，测试人员也要主动学习。程序员会极度尊重懂代码的测试人员。

### 程序员跟运维人员的矛盾

程序员是无法摸到服务器的，在一些大互联网公司中每次产品部署都要写报告，让某个运维同学按照文档来操作，部署效率低，部署出错率高。

矛盾体现在：出了问题时运维同学会被背黑锅，特别是安全问题，运维会特别不服气。

解决办法：

- 运维同学要给程序员一个“只读账户”：
  - ★ 可以读取相关日志文件。
  - ★ 可以查看服务器的性能。
  - ★ 不能做任何写操作。
- 运维人员做部署时，程序员最好也并排坐在旁边，说明部署的各个步骤的关键和意图。

- 程序员平时要多看服务器日志，了解如何提高性能，知道出了问题该怎么解决，要多从运维的角度来考虑问题。
- 对于重要项目，程序员 24 小时不能关机。当运维人员搞不定的时候，可以随时联系程序员。

### 前端与后端开发人员的矛盾

这是由于咱们国内的团队对人的角色分工造成的。有的同学只做后端，有的同学只做前端，但很多事情是没有很明确的办法划分成前端或者是后端的工作。例如：记录日志，在前端可以做，在后端也可以做。不同的情况下会有不同的解决方案。

最常见的矛盾是接口矛盾：前端要提出一个接口，往往需要提前几天提申请。这个在前端看起来很多时候是无法忍耐的。

当某件事在前后端的界限不清晰的时候，往往会出现踢皮球的情况，开个会一个小时，什么实事也没做，都用在相互踢皮球上面了。当出现问题要追责时，前后端也会踢皮球，特别是在管理层比较高压的情况下。

解决办法：

- 程序员尽量不要划分成前端和后端，平时就要把团队的人往全栈工程师的方向上培养。前端的同学要多学习后端的技术，后端的同学也要多学习前端的技术，不要互相鄙视。
- 既不要踢皮球，也不要盲目地大包大揽。要从整个项目的架构考虑，某个模块交给哪端做更合理就把工作交给哪端做。团队的技术负责人一定要承担好这份工作，绝对不能和稀泥。很多时候前后端的争论往往是由于负责人和稀泥引起的。
- 出问题的时候要客观判断。问题出在哪端，哪端就要负责。但是管理层也不要给太高的压力，对于团队成员主动承接工作的态度一定要鼓励。

管理层要做到公平公正，奖赏分明，这样整个团队才会有向上的士气。

## 招聘和培养新人

如果某个公司持续有业务，那么这个公司就会持续有招聘的需求。招聘分成两部分，一部分是招新人，另一部分是招老兵。笔者更加倾向于招新人，然后自己培养，这样做好处有很多：

- 新人是白纸一张，没有什么负能量。老兵虽然能力强，但是身上负能量会比较多，容易有办公室习气。通常社招的老兵对公司没有太多的感恩之心，容易混日子。
- 新人会对公司和导师有感恩心态，这对公司团队建设非常有好处。对有潜力的新人，给他一些时间和磨练，公司很快就可以得到回报。

### 如何招聘新人

一般在招聘的时候，笔者会要求新人必须满足如下条件：

1. 聪明、开朗、阳光，总之看起来应聘者是精力旺盛的，不要看起来没睡醒的样子。这样的孩子往往是智力不错、体力很好、情商不低、有正能量。招这样的员工哪怕什么都不会，只要团队中有这样正能量的人在，大家每天的工作情绪就会很高涨。这样的角色也叫作“项目的催化剂”，作用特别大，遇到的话务必把他拉到团队中。另外，体力好就保证可以加班。思路敏捷的人工作效率往往是容易迷糊的人的 2~3 倍。

2. 普通话要好。

第一，一个人的智商很大程度上体现在语言能力方面。往往语言学得好的人智商都不错，所以这是一个筛选标准。

第二，在程序员的工作中，沟通占了非常大的一部分时间。普通话标准的年轻人，跟带着方言口音的人相比，自身的气场和给人的感受是完全不一样的。程序员本身的沟通能力普遍不强，如果普通话还说不好，说出来的都是满口的地方口音，平卷舌不分，那么大家就不愿意跟这个人沟通，这个人自己在程序员的道路上也不会走得太远。

3. 英语要好。对于程序员，按英语水平可以分三个档次：

- 一流程序员：基础好、外语好，往往进外企（例如微软、Oracle），然后获得H1B签证，出国移民。
- 二流程序员：基础好、外语不好，往往进国内的公司也能干得不错，当上技术经理、CTO等。
- 三流程序员：基础差，英语烂，虽然也能找到工作，但是工作往往做不好或者事倍功半。往往工作的前一两年都不太顺，在团队中技术能力是倒数的，只有经过两三年的磨练之后，如果能够持续不断地学习，才会有明显的提高，否则最终就是被淘汰的人群。

英语水平在毕业之后五年都不会有太大变化，如果没有专门再对英语进行专项培训，那可能毕业的时候是四级水平，毕业五年之后还是四级水平，绝对达不到考托福或者GRE的水平。

程序员每天都要读文档，新手读中文文档，老手直接读英文文档。因为中文文档都是根据英文文档翻译过来的，在翻译的过程中会损失很多信息量，另外翻译的质量也良莠不齐。如果有能力读英文的文档，程序员可以理解得更透彻。

更何况很多问题只能到谷歌上面搜，用百度是搜不到的。最典型的例子就是编程语言中抛出的各种异常，在百度中搜索很多英文是搜不到的，但是使用谷歌就可以快速准确地搜索到。

所以，英语水平决定了你能否在程序员的道路上走得顺、走得远。

在招聘时，可以跟所有的候选人都做一段英语的口语对话，这样做可以瞬间分辨出一个人的英语能力。

一个人的英语水平可以分成“听、说、读、写”四种能力。按照掌握的情况来看，“读”是最简单的，然后是“写”和“听”，“说”是最差的。如果一个候选人的英语综合水平是 80 分，可能阅读水平是 90 分，口语水平是 60 分。

如果候选人能够做完一段口语对话，就会对他的英语能力有很好的把握。如果候选人一开始就完全拒绝做口语，那么后面的面试也就不用做了，还节省了大家的时间。在实际工作中，基本不敢做口语面试的人都是英语不合格的，差到无法胜任工作。

4. 笔试题目不是必需的。

从工作到现在，笔者做过几百次面试。一开始会要求候选人做笔试题目，但是后来发现这个无法考核候选人的编程水平。

考虑到新人都是有试用期的，这个工作可以放到试用期里面去做，如果发现某个人的逻辑思维水平特别差，到时候再过滤掉也不迟。

另外，现在的开发工作大都是应用级的开发，不会涉及创造性的工作和算法，所以只要候选人学习能力和使用工具的能力达到要求就可以了。

5. 一定要考察键盘指法。

这个问题看起来有点可笑，实际上非常有道理，这个来自笔者的血泪经验，前面章节也有提及。

在笔者过去的招聘当中，大约有 1/2 到 1/3 的候选人键盘指法是错误的。如果不当面考察是完全不知道的，等到候选人入职后，才能发现他的键盘指法不对。看一眼屏幕，再看一眼键盘敲两下，再看一眼屏幕，再看一眼键盘……那么这个员工在前一两个月工作是不会有太多进展的，这种不合格的工作方式就决定了他的工作效率非常低下。

想判断一个人的键盘指法非常简单，直截了当地问两个问题就可以：

- 键盘上的 P 键，用哪个手指敲？
- 键盘上的 X 键，用哪个手指敲？

如果候选人可以在两秒钟之内回答出来，就说明这个候选人基本满足要求。如果这个候选人回答时间超过了 3~5 秒或者答错的话，一定要过滤掉，否则他需要用两个月的时间才能够掌握正确的键盘指法。

## 如何培养新人

1. 培养新人的学习意识。要让新人知道主动学习，主动解决问题。入职的前两个月可以提基础的问题，经过前期培训和工作实践，如果还问过于简单的问题就要提出批评。

另外，要告诉新人最好的老师是谷歌或者百度。遇到问题时应该先搜索网上的答案，找不到了再提问。

2. 应该有成熟的培训体系和学习教材。一个软件公司应该有的教材是：

- 操作系统的教程（例如 Linux）。
- IDE 或者编辑器的教程（例如 Vim）。
- 编程语言和框架的教程（例如 Ruby、Rails、Vue.js、Spring、Hibernate）。
- 其他相关知识的教程（网络协议、运维命令等）。

3. 配置好的导师。

导师是新人的直接领导，例如技术经理。导师要有耐心、要为人师表，不但要从技术上指点，还要从职业方向和做人方面加以正面引导。

实际操作层面，导师一定要每天都问新人的情况，重点问遇到的困难。

4. 多做代码审核（code review）。

代码审核非常必要。一个人的编程水平会直接反应在代码质量上。导师每天再忙，都要拿出时间来跟新人坐在一起，手把手地教他。

代码审核一定要严格，让新人知道代码不能乱写。从一开始就要规范，后续才能养成良好习惯。

## 如何对待老员工

老员工是软件公司的财富。一个老员工的工作能力可以抵上十个或者更多个新人。对于老员工要多引导，不要让他有骄傲心态，要把他放到合适的位置。

### 老员工是公司的财富

对于软件公司来说，代码是最重要的，老员工也是第一位的，甚至资深老员工的位置比源代码还要金贵。

### 老员工生产力可能是新人的 10 倍以上

老员工最大的价值是掌握公司的现有项目。可能 90%的现有项目的代码都是老员工写的。对于新员工来说，想投入到现有项目的开发中，要做的第一步就是：读懂现有代码。

新人做一件事情，可能需要十天，前九天半都在读代码、看文档、试用、咨询老员工；最后的半天是找到问题所在，修改自己编的代码。

同样的事情交给老员工，前面的九天半就可以省略掉了。

来看一个真实的例子：某公司做一款产品，大约用了 2 年时间，代码很复杂。公司里大约有 30 名程序员，有新人也有老员工，结果发现新人根本就没机会投入到核心组件的开发中去。新人面临的问题是：

- 新人的能力不够，看不懂老员工的代码。

- 新人对现有系统不了解，管理层不放心让新人修改。
- 新人修改的速度太慢，完全不如老员工。

所以，这家公司只有五名老员工具备生产力，其他二十多名新人都在打酱油。

### 尊重老员工的建议

老员工看问题往往是最准确的。

项目之内，代码都是老员工写的。遇到问题时不用看代码，瞄一眼日志就心里有数了，就能找到问题所在。

项目之外，老员工跟公司的上上下下都熟悉，可以很容易看到公司的运营问题。

### 要有领导艺术

老员工作为公司的顶尖技术所在，一定会骄傲。他的上级领导要有领导艺术，让老员工愿意追随、忠于公司。管理者也要多学习、多实践、多反思。

### 给老员工成长的空间

所有人都是有追求的。老员工一定不满足于现状，会有物质和精神上的追求。

在物质上，要有一套成熟的薪酬机制，该加薪就加薪，该发奖金就发奖金，不要过于苛刻。

在精神上，要有激励，对于老员工要有合适的定位。例如某个工作了 3 年的基层员工，每个项目都可以做得很好，老板就应该赶紧提拔，让他从基层员工成为技术经理。这样使他在技术之外的管理能力得到提高，在眼界方面也得到加强。眼界大了，不再做井底之蛙了，人就不容易骄傲了，老员工也会更加安心工作。

对于初创互联网公司，在股份方面对老员工进行配置，给其相应的分红是很合适的。

## 如何识别项目毒药

负能量比较多的人是团队毒药！发现一个开掉一个，发现一双就开掉一双。不要仁慈，不要怜悯，不要幻想负能量的人可以改变性格。

项目毒药会直接让整个团队失去战斗力。只要发现具备下面任何一个特性的人，一定要及时清除。

### 脾气差并与同事发生过争执的人

脾气差的人会直接影响周围人的工作心情，需要务必留意。特别是如果这个人跟团队的核心主力有冲突时，务必当场或者提前就把他清理掉。哪怕这个人是老板的小舅子，都要毫不犹豫地干掉。

### 在代码中写过粗口的人

在代码中写过粗口的人，一经发现，应立刻开掉。这样的人没有责任感，底线不高。

### 工作中喜欢抱怨的人

工作中喜欢报怨的人，虽然没与其他成员发生过激烈冲突，但是喜欢抱怨的性格也会影响其他员工的工作情绪，不会为团队和项目带来任何好处。

## 培养自我成长型团队

一个好的团队应该是热情活泼、不断追求、自我进步的群体，而不是死气沉沉的，每天混吃等死的团队。它应该具备下面的两点：

- 自我成长。
- 团队内部融洽。

### 做好知识分享会

每周要定期举行员工分享会。例如，每周五下班前的 1 个小时，把大家安排到会议室，找些零食，然后选出 2 个人，每人半小时做一个主题发言。

要求发言的同学认真准备 PPT，准备一个主题，技术也好，方法论也好，把自己学到的知识和技能分享给大家。这就容易达成一个人会，所有人都会的效果。

另外，每次收获最大的是主讲人。认真做好 PPT、站在人群前发言，对自己的演讲能力是非常好的锻炼。 锻炼几次之后就可以在上百人面前发言而无压力了，要知道太多的程序员做不到这一点。

### 鼓励在项目中使用新技术

例如，团队之前用的版本控制都是 SVN，那么某个成员听到 Git 是一个更好的东西，就可以把它介绍到项目中来，让全体成员使用。

再如，一个 Web 开发团队之前用的一直是 Java，而某个成员刚好接触了 Rails，就可以把它介绍到项目中来。

再如，之前用的都是 Java、Object C，现在大家也可使用 React 来开发。

### 只招聘聪明人

团队中每个人都应该是聪明人。聪明人的另一个特征是喜欢学习，不甘落后。

只要团队中的人都有这个素质的话，就会发现每个人都会争先恐后地学习，团队成员的素质上来了，整个团队就会迸发出意想不到的活力。

国内的公司 ThoughtWorks 团队中的人就是这样的。

## 让团队散架的因素

搭建一个团队不容易，好的团队可以迸发出 1+1>2 的战斗力。但是团队需要管理，如果做得不好就很容易散架。

## 团队毒药

跟“项目的催化剂”（见前面章节）相对，有一种人是项目毒药，他在哪个项目哪个项目就会失败。

## 不公平的薪水

公司的薪水必须永远保密，严格的公司连财务都不能知道，只有老板和 HR 才能知道。但几乎所有职场新人特别喜欢打听别人工资。

永远告诉新人打听工资是公司的红线，绝对不能碰。

有的同学入职一年，工资达到了 10K（IT 行业俗语，K 表示千元，W 表示万元，下同）。也有的同学，随着经济形势的提高，一进来就是 10K。于是前者就会质疑：后者能力不如我，资格也不如我，为什么跟我拿着差不多的工资？

也有的公司为了挖人，直接拿到了团队中同岗位员工两倍的薪水。如果新公司的薪水被同岗位的员工知道，会直接导致拿低薪水的人离职。

所以，高薪挖人要慎重，会直接打乱自己团队的薪酬体系。对于公司的员工，也必须让他们有保密薪资的意识。

## 不开心的工作环境

2014 年有一个调查（http://www.pudong.gov.cn/Website/html/pdrbj/pdrbj_news_xwdt/ Info/Detail_584025.htm）显示：工资低、劳动强度大、上班远是跳槽的三大主因。

如果不看工资的因素，那么“不开心的工作环境”是非常重要的跳槽因素。

所以公司必须以人为本，多为员工着想。例如：

- 雾霾天可以为员工发放防霾口罩，在办公室里增加空气净化器。
- 员工生日时，为大家唱生日歌，发放生日蛋糕。

- 到父亲节、母亲节时，替员工为父母发送礼物。关于这一点，笔者的老东家优酷做得特别棒。
- 平时公司的气氛不要太压抑。

## 绝对不要认为技术人员的生产力是固化的

我在 2014 年开始创业，接触过很多传统企业的老板。他们有一个共同特点：喜欢用固化的生产力来判断人。例如：

- 同一个流水线的工人，每小时都是做出 200 个零件。
- 对于家装师傅，泥瓦工王师傅跟泥瓦工李师傅每天都是做两户人家。

这个判断适用于传统行业，但完全不适用于软件行业。传统行业的老板，在了解软件团队的特征之前，一定不要轻易组建团队。下面是某个项目的真实例子。

某位传统行业老板希望做一个互联网项目，心里有点子，手头有资金，但不知道如何做，于是开始招兵买马，逐渐遇到了下面的问题。

### 问题 1：出高价也招不到合适的人

CTO 的招聘开始后没有候选人。一个职位挂了好几个月也没有人应聘。偶尔收到一个简历，约见面试时发现候选人的要求跟职位描述（JD）的要求不太匹配。

JD 要求：十年工作经验，精通 20 种技术，做过 5 年管理。

实际情况：五年工作经验，掌握 3~5 种技术，精通 1 种，只做过一年管理。

虽然预算中的工资不低，但就是招不到人。两个月过去了才有一个勉强达到要求的人，这时，市场上已经出现了竞争对手的产品。

### 问题 2：就算招到也容易离职

CTO 入职后开始组建团队，但是他发现老板对他也在考察期，拿到的预算不多，要做的事却不少。由于缺少预算，各种想法难以实施。

老板对于 CTO 也不是很满意：早上送孩子踩着点来，晚上接孩子踩着点走，从来不加班，没有责任感，每个月有资金投入，也不见成效。

双方都不满意。

很快 CTO 辞职了，到另外一家互联网公司上班去了，待遇不错，日子悠闲。但是留下一个烂摊子，之前招上来的 UI、前端、后端、数据库的员工都到位了，却没人领导。每个月工资要按时发，团队一片茫然。

### 问题 3：人与人的工作效率很不一样

随着时间的推移，终于找到了合格的团队领导者，继续前任 CTO 的项目。但是，前任 CTO 的离职对团队基层员工造成了影响，他带走了一个团队核心成员。

赶紧招人，一个月的时间招上来两名新人。结果这两名新人能力不行，看不懂前面核心员工的代码，工作效率低下，本来可以一周搞定的任务拖了一个月也没搞定。招来的两个新人的工作量不到之前核心员工的一半。

以上种种原因，导致该项目从提出到组建团队到项目实施，浪费了半年的时间，算上员工成本和办公室运营成本，半年内耗费几百万元。

# 第 5 章 国内软件开发之殇

软件开发有很多伤痛，这个行业不管是外包还是公司自有的软件团队，都有很多急需提高的地方。由于种种原因，一直存在一些痛点。过去几年不断有人找到笔者做咨询，现把他们遇到的问题整理一下，写在下面，希望对大家有所帮助。

很多问题没有简单的解决方案，甚至可能有解决方案也是将来很长的一段时间以后才可能出现。笔者先把这些问题提出来，读者能规避多少就规避多少。

如果这些文字能帮到你，使你提前避开软件开发的风险（坑），少走弯路，少些损失，那么笔者会感到莫大的欣慰。

## 行业弊端

很遗憾，软件行业在国内有很多弊端，归纳起来有如下几点。

### 软件价格要么低得离谱，要么高得过分

国人的习惯是用软件不付钱。无论是 Windows 还是 Office，只要不是特别大的公司或者国企，就不会有人付钱。

淘宝上也充满了各种百十来块钱的源代码，甚至可以被零成本售卖，如图 5-61 所示。

图 5-1　源代码被零成本售卖

在这种氛围下的国人，往往认为只要是一个软件就是几百块的事。如果想搭建某个视频网站，不算服务器和域名的价格，100 块钱就搭建好了，价格低得令人发指。

其实，这些源代码往往是正规互联网公司出品的，正常的使用价格应该是每年过万。由于很多是脚本语言编写的，无须编译，所以源代码会泄露出来。

这种软件价钱虽然低得离谱，但是提供的服务不好用。就好像买了一双鞋子，虽然它是鞋子，但是只要尺码稍微不匹配，穿在脚上就很难受。

另外一种情况是定制化软件。

定制化软件可以找外包公司来做，也可以自己组建团队开发。无论怎样价格都很贵，几十万到上百万元都是便宜的。

定制化软件是专门为甲方做的应用软件，不是通用需求，无法卖给其他甲方，自然要贵很多。考虑到目前程序员的工资水平，价格不会便宜。

所以便宜的价格不合理，定制化的软件开发本来就是很昂贵的生意。

### 存在欺骗和不信任的情况

软件行业水很深，在技术层面上讲，可以细分成几十种职业。每个职业了解的内容相互都不懂，这就造成了行业不透明，例如做 Android 的不懂 iOS，做 PHP 的不懂 Java，做 Vue.js 的不懂后端……

对于外行就更不用说了。甲方不懂技术，询问乙方这个项目要做多久、要多少钱，乙方说什么甲方都不会信的，因为甲方不懂，也无法验证。

其实乙方自己也只能给出大概的情况，估算大概需要多少钱。

懂行的可能欺骗不懂行的，不懂行的也怕被骗，外行不付出代价很难切入这个行业。

事例 1：某巨头公司要做一个论坛，找到一家上市的软件公司来做项目，价格谈妥为 100 万。该公司用一个人一个月的时间就做出来了，项目结束。

事例 2：某创业公司要做一个论坛，QQ 群里找到一个兼职接包方，一万块一个月也做好了。

事例 3：某公司招标，希望能做一款教学平台，需求有大概 20 条文字，于是在外包平台上找人报价。

- 1 号备选公司：国内某互联网的外包公司，规模近千人，报价 100 万。
- 2 号备选公司：手工作坊，宣称自己团队是 SOHO 工作，只有周末在一起，报价 15 万。

从这三个例子可以看出，软件的价格变动很大。不掏钱办事真的不知道哪家行哪家不行。这样的情况下，劣币会驱逐良币，劣币永远有欺骗的机会。

小李在开办公司的前两个月会根据论坛和软件外包平台的信息谈项目，结果发现所有的甲方都会用像看骗子一样的眼光来看待他。虽然每个项目都谈得不错，但是每个项目都没谈成。有比较好的公司给小李反馈："你确实挺专业的，不过这个项目最后给了老板的熟人，他觉得熟人靠谱一些。"

### 有吃回扣的传闻

由于每个软件项目都价格不菲，因此可能存在回扣。如果回扣跟整体的项目相比小于 5%，对软件项目没有影响，但是坊间传闻某项目的回扣达到了项目总额的一半。

老王前些日子谈了一个项目，给某企业做一个自动化系统，项目实打实的估价是 30 万。甲方的负责人说："我可以拍板给你这个项目，也会帮你把竞争对手赶走，但是合同总额要写成 130 万。"

## 程序员群体的心理状态

程序员这个群体特指北上广深一线城市程序员，工作了 2~3 年的人最多。

程序员其实是一群很高傲的人，他们的特点如下。

### 不认权威，谁行谁上

程序员的威信是根据实力建立起来的，跟资历完全没关系。被其他程序员嘲笑的最好方式，就是让他们发现他们的技术比你强。

所以外行人领导程序员，团队必死。

如果队伍里有一个很有能力的程序员，一旦他发现自己的能力跟在团队中的地位不成比例时，厚道的人就会选择离开了。

### 清高、难以管理

整天坐在办公室里跟机器打交道锻炼不出情商。可能干十年的 IT 人都不如做两个月销售或房屋中介的情商高。

### 容易跳槽

借助互联网的春风，各种机会比比皆是。一旦干得不爽立马走人，工资搞不好还翻一番。男程序员这样的例子很多，女程序员则比较稳定，不容易跳槽。

## 软件开发的行业真相

本节内容包含了软件行业的国内现状和外行人的常见误区，思考起来很有意思。

### 需求方最关心的三句话

- 能不能做?
- 多少钱?
- 多长时间交付?

这三个问题其实都很难得到准确的回答，因为几乎所有的销售（外包公司）和项目负责人（非外包公司）都会说：能做！哪怕他之前根本没接触过这类技术。多少钱也很难获得准确的数字，因为需要先估算工作量。多长时间做完也难说，因为需求不明确。

所以，需求方需要先简单扼要而又清晰地表达需求，对方才能给出靠谱的答案。

### 软件项目成功率比较低

软件项目的成功率目前还没有准确的数据，估计将来也很难有。因为不可能有人会自曝家丑，更不愿意承认自己的项目是失败的，这对自己没有好处。

## 软件开发工作量难以计算

在传统行业（如家装）中，一个贴砖工人的工作量我们可以按照平方米来计算。铺砖到地面，王师傅一天铺 100 平方米，李师傅一天铺 120 平方米，显然李师傅铺得更好。因为这个活大家都能做，所以市场上的价格也比较透明，一平方米 40 块是标价。

但是在软件开发中，几乎每个功能都是自定义的，这就导致很多工作量无法衡量。

另外，很多工作在第一次接触的时候，程序员会花费大量的时间来研究，第二次则几乎不需要，所以这个工作量也很难界定。

## 软件开发是重度自定义的

曾经有前辈（Rational Rose 的作者）提到过模块理论。这个理论大约在 20 世纪 80 年代提出，意思是几十年后的软件开发将会特别简单。大家只要使用模块化的思想，把软件中的一个个“螺丝”生产出来，那么软件中可重用的模块将会越来越多，一段时间之后的软件开发工程师都不需要写新代码了，直接把现有的组件组装起来就好了，甚至预言以后的软件开发工程师将会失业。

Rational Rose 这款产品则希望实现这样的场景：架构师设计好架构，画好各种 UML 图后，点击按钮，整个项目的代码就自动生成了。

当时这个思想风靡了整个软件行业，但经过现实的检验后根本行不通。现在软件开发人员的缺口越来越大，几乎每个公司都渴望有软件团队专门为自己服务。在北上广深，程序员已经取代了金融街的雇员成为工资最高的职业。

在当今的互联网浪潮中，每个用户对软件的需求都不一样。

## 不存在万能的系统

曾经有朋友咨询过这样的需求，他希望开发出一套万能的办公自动化系统

（Office Automation，OA），然后卖给各个企业。

这个想法特别符合国家政策。

但答案是不可能。

想一想确实是不可能的。比如同样的财务软件，在两家公司内用起来就完全不同：有的公司是实报实销，有的公司是先借款再报销，有的则是需要员工先垫付几个月才能报销。而很多专门开发财务软件的公司，都会专门为用户组织培训，让他们使用自己定义好的流程。

再比如同样是银行系统，招商银行跟农业银行的软件系统就完全不一样，每个银行中的内部系统也完全不同。

所以千万不要幻想开发出一套万能的办公自动化系统，这个事情永远不存在。

### 软件的重用和细化粒度

开源项目有很多，随便 Google 搜索“CMS”关键字，就会出现上千个开源 CMS 项目。但是只要稍微试用一下，就会发现适合的太少：要么页面风格不对，要么功能与我们想要的不一样。要是改的话，就会遇到“开源项目之坑”小节中提到的问题。

所以在重用和自定义开发之间，一定要找到一个平衡点。笔者认为软件项目最多细化到“开发框架+常见组件”的层面。

- 开发框架，如 Spring、Django、Rails。
- 常见的组件，如上传功能、第三方登录、支付（例如支付宝）。

如果你的项目需求不是一个“通用型”需求，那么可以说 99%的内容都无法重用。就算是同样的一款财务软件，在不同的公司用起来也是支持完全不同的业务的。

## 国内软件公司的特点

哪怕是外企，到了国内也需要本土化，变成具有下面特点的公司。因为外企虽然有外企的文化，但是归根到底，执行的人都是国内的人。

### 技术含量低

技术普遍落后于国外。国内软件公司：

- 没有人设计编程语言。
- 没有人设计操作系统，除了修改开源 Linux。
- 极少有人设计编程框架。
- 都是使用国外的技术，例如 Spring、Django、Rails，这就决定了国人只是框架的使用者而不是创造者。

### 普遍英语不好

一流的程序员是英语好、基础扎实的人，基本在刚毕业的时候要么出国，要么去了外企，几年后经由 H1B 工作签证出国，或者 Transfer 到国外工作。

### 要么是外包公司，要么是互联网公司

国内的软件公司基本要么做外包，要么做互联网产品，很少听到有其他类型的软件企业。这就决定了这些公司不会创造新技术，充其量只是利用现有的技术。

### 外包公司大部分都比较烂

外包公司分成：项目外包和人员外包（外派）。各位同学在找工作的时候一定要问清楚是什么情况。

项目外包公司还好，在这里工作有归属感，因为有自己的办公位和办公场所，身边的同事也都是自己公司的人，只是手头做的项目都是其他公司的项目。

人员外派公司则不太舒服，需要被派到其他公司工作，完全没有归属感。

笔者在十年前曾经到某巨头企业参加过面试，该公司的正式员工的办公位足够

大，但是给外派公司人员的工位只有不到一米宽的窄小工位。这对于能力强的外派人员肯定会有巨大的心理落差。时间长了，要么找机会跳槽到甲方，要么跳槽到其他更好的公司。

### 大公司的软件部门其实跟小作坊差不多

不要被大公司的名头吓到。无论是大公司还是小公司，每个软件项目组的人数都差不多，而且大公司往往不具备特殊的能力。不管在大公司还是小公司，国内的软件公司基本都是小手工作坊。

很多大公司由于遗留项目的限制，不得不使用十年前的落后技术，例如：

- Java 使用 1.4 版本。
- 版本控制使用 SVN。
- 数据库使用 MySQL 的 5.1 版本。

### 国内的程序员容易安于现状

国内的程序员都过得很安逸：

- 出入往往是 5A 级的写字楼，特别是一线城市。
- 嘴里的对话总是很高大上，“Michael 说我们这个 schedule 要不要 delay 一下”，“对于这个 plan，我有些 concern”，让从业者容易产生优越感的错觉，特别是在外企工作。
- 收入已经开始超过金融行业从业者，很多互联网上市公司会发股票和不菲的年终奖。
- 工作三五年就开始认为自己的技术达到了顶端。
- 群体往往是年轻人，下面没有孩子，上面父母身体健康。

上面所列的种种因素都会让国内的程序员的日子过得很安逸，不喜欢有挑战性的工作。基本很少有人辞职创业或者出国，这些都是很需要魄力和决断的。

## 修改开源项目的风险极大

不少传统企业的老板，在初期做转型时总会说 XX 产品是开源的，我看拿它来做修改就很好，成本也低。

实际上这个点子非常危险。

### 开源项目的风险

所谓的开源项目，就是开放源代码（open-source）的项目。世界上的开源项目有很多，细分的话分成两类：

- 工具类，例如各种框架、组件等。
- 现成的产品，例如各种论坛、博客、CMS、商城等。

很多人在创立公司时会考虑到成本问题，优先采用开源的“现成的产品”，常见的一种说法就是：“我们要做一个商城，功能很普通，我们就用网上开源的 XX 商城，拿来改一下不就完了吗？”

一般说出这话的人身边肯定没有经验丰富的老鸟，很可能是随便找一个经验不太丰富的程序员来修改。于是花上很短的时间（例如几天），这个开源的 XX 商城就搭建起来了。负责人很满意，但是使用之后很快会提出新问题：

“我们的这个产品不错！已经出现了雏形！但是这个背景色要调整，这里的搜索功能不应该是这样的！”

“应该多加几个品类，现在的品类不能修改，这样不行！”

“用户在查看某个商品的同时，我们也要多推荐几个产品！”

“现有的功能是 B2C，只能支持一个商家。这样不行，我们要支持多个商家！”

于是，大家会发现，修改外观很简单（只涉及 CSS、HTML），一旦涉及修改核心功能，现有的技术人员就会束手无策了。因为底层架构是不那么好改的：

- 需要先读懂人家开源项目的代码。
- 理解人家的代码。
- 尝试修改，调试，再修改，再调试……

开源项目的代码往往都是由高手写的（新手不具备项目开源的实力）。代码中有很多高级语言特性，新手往往会看不懂。再加上一些不常见的设计模式以及各种抽象的 Class，新手看到完全就蒙了。

于是，这个公司的技术负责人就会发现一个奇怪的现象：项目直接停滞了。无论什么时候问进度，都是没有进展。到最后的结果往往是：

- 放弃现有的改动了一半的开源项目，推倒重做。
- 现有的技术人员离职。

### 开源项目的特点

开源项目的作者都是高手。代码中会用到很多高深的技巧。例如，Ruby 中的元编程、老牌语言（Java、C）中的设计模式。有的设计模式甚至是全新的模式。

有些开源项目经历的时间比较久，例如 Sugar CRM（成立于 2006 年），里面用的技术有老得掉渣的组件（例如传统的 PHP 页面），也有特别新的组件（例如 Angular）。负责开发的也不是一个人，你会发现一个奇妙的现象：一个简单的“展示菜单”的功能，有的地方代码写在了数据库，有的代码写在了 Anglar 的 js 文件中，有的代码写在了.php 文件中，特别混乱。这就是由于老员工离职，新员工接手造成的。

修改开源项目特别费时间，因为需要先读懂别人的代码，还要了解别人用到的所有的技术和组件。

所以，如果是为了演示目的，那么可以先用开源软件应付一下。如果该项目后期会有很大的想法，那么赶紧决定自己开发。

## 创业团队务必要有 CTO

关于这一点有三个原因。

### CTO 是技术团队的组建者

有了 CTO，技术团队才能组建起来，光靠 HR 是招不到靠谱的技术人员的。比较常见的配合是，CTO 考查人员的技术，HR 考查人员的其他方面。

### CTO 是团队发展的土壤

没有 CTO 的技术团队，里面的成员得不到发展。CTO 的职责之一就是培养人，他要给各个成员指出欠缺的地方，指出下一步的发展方向。

如果一个有追求的程序员没有导师，那么他不会在这个队伍中待很久。

### CTO 是团队的舵手

有了 CTO 的团队才能快速组建起来。同时，CTO 能够指明技术路线，充当传统架构师的角色。

## CTO 的困局

### 合格的 CTO 的标准

一名合格的 CTO 应该具备下面两点能力：

1. 技术过硬，擅长全栈技术。

2. 能从零开始组建团队、培养新人，并且维系好团队的健康发展。

其中CTO的技术是重中之重。很多公司的CTO都不具备特别全面的素质。

### 技术要全面

一名合格的CTO需要具备以下技能树。

1. Web后端：Java/PHP/C#/Ruby/Python任意一个后端语言。
2. Web前端：精通HTML、CSS、JavaScript。
3. 微信H5端：CSS、HTML、JavaScript。
4. 移动前端（Android、 iOS）：Java、Object C、Swift。
5. 服务器运维：Linux 、网络硬件知识。
6. 可以梳理需求，做产品。

在上面的技能中，硬骨头是Web后端和移动前端。这两端之所以是重点，是因为太难学了。Java、C#、Object C 等传统语言的特点是特别复杂，会大量耗费使用者的精力。掌握任何一门语言，没有几年的时间下不来。

通常，一个程序员用惯了一个语言，是不愿意转向另外一种语言的。做Java就一直Java下去，做PHP就一直PHP下去，三五年之后成为管理层，每天跟人事和会议打交道，就更加脱离了一线。

所以，对于一个后端程序员，再给他5年时间，他也还是一个后端。一个前端程序员再过几年，也还是一个前端。能真正融会贯通的人太少了。

### 真实的CTO囧境

国内移动开发刚起步大约在2012年，那时优酷App的用户没过100万（到2014年达到了7亿，其他互联网巨头也基本是这个数字），到现在不到6年时间。

最早期的前端开发者是根本无法熟悉后端的。所以，如果要招人，大部分5

年以上经验的人员都没有移动开发经验，有的要么是管理经验要么是 Web 后端的经验。

另外，国内企业对于员工的划分过于死板，大公司里几乎没有全栈程序员的职位。每个人只做自己的一摊事，永远不会培养出全栈。

所以，国内大部分的人在技术上都不适合做 CTO，落伍了。

## 如何找到靠谱的 CTO

如何找到靠谱的 CTO，这个问题单拎出来，是因为很多人都问过笔者。找到靠谱的 CTO，一般需要这些前提：

1. 有一个技术圈子的朋友。
2. 让这个朋友给你介绍靠谱的人。
3. 要有技术评估的机制。

### 通过技术圈的朋友来引荐

很多朋友都有资本、有项目，就是没有靠谱的技术团队。因为他不知道如何去寻找，他不懂技术，就无法判断对方的好坏。

所以，首先要想尽一切办法，认识一个技术高手。找到了他，就可以慢慢地让他把朋友圈子里的技术高手介绍给你。

然后，提醒他给你介绍朋友的时候要找靠谱的。

### 靠谱的 CTO 可遇而不可求

跟现在的创业市场一样，技术人员也鱼目混珠。

比创业稍微好些的是，技术人员一般比较单纯，能出来创业的人的技术水平要高于打工者的平均水平，所以不必担心找到的人是烂人。

## 绝对不要找兼职的 CTO

兼职的 CTO 做不好事。

本身就有全职工作。每天还要做兼职，时间是远远不够的。笔者之前在摩托罗拉工作时，每天大约有 5 小时的空余时间。一旦做了兼职，就突然感觉每天除了吃饭睡觉就是工作。做兼职时你需要考虑到：

1. 在全职和兼职中的工作切换。
2. 每天的娱乐时间（看报纸、新闻）是必不可少的。
3. 沟通是一个大问题，无法随时随地接兼职老板的电话。
4. 由沟通产生的信任问题也是一个大问题。

与全职工作相比，兼职仅仅是锦上添花，捞一笔外快而已。如果项目要死掉，看不到完成的希望，那么兼职的技术人员会很快想到："大不了我不做了。反正剩下的钱不要就是了，对我也没有太大的影响。"但是对这个项目的其他全职投入的人来说，项目死掉是极其沉重的打击。

## 低工资留不住人

在软件人才市场上，一分钱一分货。

一个实习生做不了任何事情，反而会拖慢公司的后腿。一个入门级的程序员也只能做搬砖的工作，基本有他没他项目都行。

有了两三个项目经验的程序员，可以继续做一些工作，适合做小弟，但是要多指导。有三五年工作经验的程序员，是公司的技术骨干，必须留下来。

目前北上广深软件人才的工资特别高，特别是北京，一个刚毕业的应届生都可以拿到 10K 以上的月薪，还是在非 BAT 的创业公司；BAT 抢的人才，工资就更不用说了。

## 简历中的尴尬

对于创业公司，招人也很难。

如果公司用的是大众语言（Java、PHP、.NET、Object C），那么你可以收到很多应届生的简历。如果用的是 Python、Ruby、Perl、Node 等小众语言，就只能自行培养了。

因为不管你所在的公司用什么语言，如果不是在一个 BAT 量级的公司中，就基本只能收到 2 年以内经验的程序员简历。候选人会优先考虑大公司，小公司永远无法具备 BAT 的影响力。

所以，CTO 的另外一个责任就是要能自己培养团队。

## 团队培养的途径

搭建社区，吸引高素质人才。

比如，每月一次的社区聚会是 CTO 发掘到职场新人的好机会。如果你的公司场地比他目前的公司好，你给的 offer 也更高，而且他发现你这里的工作内容和环境都更好，为什么不会来？

在校园招聘中，挖掘到有潜力的新人。

BAT 都有校园人才储备战略。好的人才学习能力强，人品好。

## 把握好你的 CTO

CTO 一走，对公司的损失极大，打击是致命的。特别是现在创业的基本都是互联网创业，没有 CTO，什么都做不成，只能做回传统企业。

CTO 走掉之后，公司的损失包括（有的还不限于）以下几点：

- 技术团队很可能走掉。特别是如果整个团队都是 CTO 搭建的，那么 CTO 想挖走现有的团队很容易，因为现有的团队会特别认同 CTO。

- 下一任 CTO 会主动开掉现有团队的技术人员，因为新的 CTO 会使用新的技术，导致现有的技术人员掌握的技术无法使用。例如，前 CTO 用 PHP，新的 CTO 用 Java，要不要把所有项目推倒重来？在一个公司里，绝对不要同时存在两种以上的语言，否则对于系统维护就是一个大灾难。因为：
  - ★ 多语言开发会导致公司的技术无法交流。
  - ★ 多语言会导致系统难于维护和部署。
  - ★ 多语言会导致技术成本升高。

### 技术团队要少而精

少而精的技术团队才是有战斗力的。

团队人越多，工作量就越容易划分得不公平，因为很多工作是无法划分的。当有人没有分配新工作空闲起来时，就容易对团队产生负面影响，他会慢慢变成项目毒药，而他也会因为自己游离于团队骨干之外而不安。

比如：别人都在干活，就我没活干，我要不要打游戏？要不要逛淘宝？要不要玩论坛？

比如：项目骨干看到有人在玩论坛，他会不会想，为什么我干得最多，但是工资上却没领先太多？

人越多，沟通的成本就越大，效率就越低。良好的团队最好只有 3~5 个程序员。如果团队中有 3 个精兵，你会发现他们做起事来效率比 20 个平庸的菜鸟都高。

## 正视技术人员的作用

### 技术人员一般短期内被高估、长期内被低估

短期内程序员可以加班救火，长期肯定不行。

某创业公司，在创业之初仅靠着一个 PPT 就融资 500 万。创始人踌躇满志，在北京最好的地段租了办公室，找了最好的 UI 设计师，海归 CTO，TOP2 高校的市场。结果大半年钱就花得差不多了，公司大范围裁员，没有新融资进来就活不下去。

创始人在这个关键时刻，希望在一个月内做出 App 产品，然后到市场上找投资人，于是不切实际地每天催进度、开例会。但是产品出来后，市场几乎没有反应，公司也很快垮掉了。

某互联网公司，在融资时做了一款 App 产品，刚好配合创始人拿下了一笔融资。结果创始人拿到这笔融资后，把钱花在了鸡肋的地方。这款产品仿佛失去了价值，被弃之不顾。过了几个月创始人才意识到公司完全没有维护该产品，导致失去了大量的客户和机会。

## 就差一个程序员了

不少传统行业的人认为有个点子就可以改变世界，资本会抢着过来投资，程序员不算什么，反正一个网站几千元，估计程序员满大街都是，到时候挑一个好点的干几天，产品不就出来了。

实际上，“就差一个程序员了”，跟“我把酱油、醋都准备好了，盘子、筷子也摆好了，就差你带点饺子过来了”是一个意思。

程序员是目前互联网产品的最核心竞争力。阿里巴巴、腾讯、百度的技术人员都是成千上万人，众人的努力才让我们看到今天的淘宝、百度、QQ 和微信。其实还有太多看不到的工作，都需要程序员去重度参与和维护。

“就差一个程序员了”这句话其实非常可笑，如果带着这样的想法去做事，那么最后一定会失败。

## 好的程序员与差的程序员的差别

### 第一次和第 N 次的区别

对于程序员来说，存在这样的现实问题：第一次用某个技术时特别慢，因为他一点儿不懂，需要学习。典型的有：

- 用户注册/登录。
- 上传文件。
- 点击登录。

一旦第一次学会了之后，第二次、第三次再遇到同样的问题，直接复制粘贴当时自己写的代码即可。第一次是学习，第二次就是搬砖。

所以大家要把握好自己的心态。尽管很多时候你认为自己在搬砖，但是你没办法避免这个问题，做好本职工作是一个人的职业操守。

### 好的程序员都是靠项目磨练出来的

软件项目没有捷径可走。不是会了几种算法之后就能从一个新手晋升为一个高手，往往难住一个程序员的功能都不是核心功能，而是一些边缘性的功能。这些边缘性的知识你无法把握住它的主线，只能出现一次解决一次。例如：

- 某个上传组件中的按钮样式需要修改。
- 某个组件是应该出现在屏幕的上方还是下方。
- 某个表格的边缘线粗细不一致。

这些问题看起来会特别奇怪，非常不高大上，但是在系统中这些 Bug 可能就是最高级别的，必须搞定。

所以，不要指望几次培训就能提高程序员的能力，也不要指望看完一本书就认为自己能完全掌握某门技术。必须靠不断地做项目来磨练自己。一般说来，做 Web 开发能独立实现一个博客、一个论坛就差不多了。对于移动 App 开发，能做 2~3 个 App 也就出徒了。

### 程序员永远会遇到新问题

Google 才是你最好的老师，“兵来将挡，水来土掩”。“活到老学到老”这句话用在程序员身上没错，因为你现在掌握的常见技术会很快被新技术取代。

如果一个人的学习能力不行、英语不行，他就做不了程序员。

### 核心技术变更得比较慢

核心技术总是很持久，例如：

1. MVC 架构，现在的 Rails 跟十几年前的 Java Struts 框架是一样的。request/response 是 HTTP 的基础，一点儿没变。

2. 持久层，现在的各种主流框架跟 Hibernate 是一样的。

现在学到的任何东西，只要是核心技术就肯定不会过时，也许 30 年后大家还在谈 MVC 架构呢。

为什么同样的新技术，老鸟上手就比新鸟快？那是因为老鸟以往的经验会给他很大的帮助。他一看到某个新技术似曾相识，可以快速判断它不过是包了一层新外衣而已，上手自然特别快。

### 二八定律

某种技术（或者语言、组件、第三方包、框架）20%的内容是核心技术，会出现在 80%的地方。

数据不一定精准，但是几乎每个技术都会符合这个规则。

大家完全不用被浩如烟海的技术文档所吓倒。也许看起来厚厚的一本技术书，学会其中 30~50 页，就可以上手干活了，其他的几百页内容是用不上的，到时候随用随学就可以了！

## 外包的乱象

外包这个市场太乱，根本原因是靠谱的人不多，忽悠的人不少。

### 行业门槛低

现在有很多手工作坊，很多人还在读大三大四时，找到了几个开源项目稍作修改，就说这些是自己的作品，于是就开始出来接活儿。

这样的人对价格的期待也不高，几千到几万元都能做，能赚点儿是点儿。这样的人不会对客户的要求从零做起。

签合同之前，他们是什么都说可以做的。签了合同拿了预付款之后就不是了。开源项目中存在这个功能，就可以做；如果没有这个功能，就不行了。

不要幻想几千块的项目就要求对方做定制化开发。不可能的，因为成本摆在那里。到时候他给出的解决方案永远都是用现有项目的功能套用的。

到最后往往是甲方妥协或者终止合作。两个结果都对乙方有利：他已经拿到了预付款，做不了就跟你失联，怎么样他都不亏。

### 绝对不要找外地的承接方

沟通是对项目的最好保证。

如果找了外地的承接方，项目基本都会死掉。因为：

- 外地的承接方不容易沟通。很多项目需求是无法被人精准地用文字和语言描述的，必须面对面沟通，一边说一边画图才行。
- 乙方在外地的时候，甲方完全无法把控进度。事实上乙方永远是忙碌的，一旦下周要交付另一个丙方的项目，乙方就会把原本为甲方工作的程序员调配出去，造成甲方的进度滞后。

- 甲方无法频繁地看 demo、提意见。结果两个月碰一次，每次甲方都会提出很多改动，几次下来乙方一定非常抵触，项目很难开展。

## 绝对不要找太便宜的软件承接方

互联网创业绝对不要找太便宜的人和团队。跟其他行业一样，软件行业也是一分钱一分货。出的钱高就有概率能找到靠谱的人或者团队。出的钱少，获得的软件质量也不敢恭维。

案例：某位传统行业的老板，需要做的项目量级实际上是上千万元，但是在软件投入方面仅仅是 10 万，非常可笑。结果对方收款之后不做事，提供的产出跟甲方期望的非常远，乙方根本无法保证项目按时交付。

## 绝对不要贪图便宜

很多没毕业的学生都会自己建个工作室。绝对不要因为便宜就找他们承接项目，这样的项目风险极大。

如果你的项目是花 5000 元请大四学生做的，那么它肯定会在 2 个月内垮掉。

深层分析：在北京一个 3 年经验的程序员月薪假设 1 万，那么在一个正规的公司每个月要为他消耗 2 万元。如果某个项目需要 5 人月（就是需要一个人干 5 个月。“人月”是衡量软件工期的单位），那么它的成本就是 10 万。如果你的项目以低于成本价的价格外包出去，那么 80%是失败的。因为对方是一个连成本都不会估算的软件承接方，不要指望他能很好地控制项目工期和进度。

## 绝对不要找兼职的开发人员

兼职的软件开发人员是不可取的。

兼职的人本来的工作是他的衣食父母，兼职只是用来赚零花钱，所以兼职工作的地位是可有可无的。

兼职的人会很难沟通。他白天上班不方便接你电话，晚上 10 点你休息了他的电话来了。很多时候软件项目是需要及时沟通不能拖延的。

无法沟通细节。很多事不当面画图，就没法说明白。

某公司由于项目缺人，因此找了一个远程兼职。聊的时候好好的，对方也工作了几年，被公司寄予厚望。

很快问题出现了，公司每天要早上开例会，需要每个员工参与。技术经理在大家的面前打电话，被按掉了。等会议开完后半小时，兼职人员主动把电话打回来，可是会已经开完了。

上午十点，服务器出问题了，一查原来是兼职人员忘记提交最新代码导致的。技术经理把电话打过去又被按掉了，很快收到短信："我在开会，不方便说话"，于是团队的其他人只能干瞪眼。

晚上八点，兼职人员打电话过来问白天遇到的情况，说自己有时间了。可是小组的其他成员都已经下班了，公司没有人。

从这个例子中可以看到远程兼职有多么不好做，完全是走不通的。

本地兼职也不能要。只要这个人在需要的时候不能出现就不行，程序员永远要全职的！

### 经验：明确互联网在自己项目中的位置

很多朋友在自己的项目中不太明确互联网技术的地位。比如： 某个项目，既有线下的实体商店，又有线上的网店、移动应用 App，那么该如何确认自己的项目是否是一个"互联网项目"呢？

很简单。你就假设自己没有移动 App，没有线上的网店，看看这个项目能不能正常运转。如果不能的话就要小心了。如果为自己的项目整体估值 1000 万，那么你务必不要把自己在互联网技术上的预算弄得太低。

## 经验：一个靠谱的技术开发团队的运营成本

什么样的团队是靠谱的?

1. 诚信，不忽悠客户。
2. 有扎实的技术和成功的案例。

一般来说，这样团队的组成是：开发人员（2、3 名） + 测试人员（1 名） + 项目经理（1 名） + 运维人员（1 名）。

而一个互联网项目，给这个团队做的话，最少要做 6 个月，要做成熟的按照 1 年时间来算，5 × 12 × 2=120（万）。

如果考虑到这个项目除了 PC 端，还要上移动端（只考虑 iOS、Android，不考虑 Winphone 等），那么开发人员还要增加 2 ~ 4 名，这个时候的成本就是 170 ~ 220 万。

结论：如果没有足够的干粮做好未来一年挨饿的准备，那么这个团队是养不起的。

## 经验：外包项目与自己培养团队的比较

把项目外包出去是一个不得已的选择。如果资金允许，务必要培养自己的团队来完成项目。因为在软件项目中，“人”才是最重要的因素，代码不重要。只要有高素质的人存在，那么你的项目进展就会一帆风顺。笔者见得比较多的情况是：

某项目，干了 1 期，交付了。然后开发人员消失了（可能是他离职，可能是该团队解散，也可能是公司倒闭，等等），来了一个人，继续接手。如果这个人是一个经验丰富的老手， 可以看懂前任程序员的代码，那么他大约需要一段时间来很痛苦地阅读和理解前任的代码，同时做各种修改、各种重构（改善现有代码的结构）。如果这个人是一个菜鸟，前任作者的代码他看不懂，那么完了，估计前任程序员 30 分钟的工作，这个新人可能要做一周（关于这一点，在《人件》 以及《软件工程的 45 个事实和悖论》中有更加精彩的论述）。

所以，除非你的项目不需要谁维护，否则不要外包出去。一般成功交付的项目都会要求做第二期、第三期……

外包的唯一优势就是：我们不需要一直“养”着一个团队。需要人的时候，我直接找外包团队来做就可以。如果你手头没有足够的资金，但是又需要在1个月内做出一款线上的产品，那么外包确实是一个可行的选择。但是如同“壮士断腕”，它的副作用相当大，可能你在做第二期的时候要把前期外包的成果“推倒重来”——原因是外包软件的整体架构不被新团队所理解，而且你也找不到原来的开发者了。

结论：能不外包就绝对不要外包。一旦做了外包，就做好承担更大失败风险和日后还债的准备。

### 经验：如何保证你的项目进度

务必要让程序员过来跟你一起工作，最好是面对面，或者坐邻居工位。能够有一个开放式的环境，大家围坐在一起更好。程序员有了问题可以直接问项目经理，项目经理想查看进度时，也可以面对面找程序员，大家还可以有每天上午10点的站立会议（注意：要站着，每个人发言不超过1分钟，讲述自己今天要做的事情和昨天遇到的问题）。

每天都做交付见《敏捷开发》一书中第3章“部署的自动化”部分，做到一键部署，这样我们的产品经理每天下班前都会看到哪个新特性上线了。

### 经验：产品经理如何提需求

要“小步快跑”。比如，老板脑子里有100个点子，而这100个点子在目前的项目资源中是无法得到全部分配的（通俗地说，我们目前只能在一个月内完成5个点子），就要把这100个点子做个排序：第一期项目先做这5个点子；等项目一期做了交付之后，我们再上另外10个点子（或者需求）……这样小步快跑，项目才容易成功。

在《人月神话》中曾经指出：如果某个项目的时间估算（交付时间）超过了 1 年，那么它基本上会失败；如果超过 2 年，那么绝对会失败。

## 为什么好的程序员或者一流的技术人员难找

### 英语不好

国内的程序员大部分英语都不好。

英语好的很大部分都出国了。程序员的心目中谷歌、微软、甲骨文的地位永远比国内的 BAT 高得多，在 SF（旧金山）找一份年薪 20 万美金的工作永远是程序员的梦想。

留在国内的往往英语差了不少。每年软件培训机构输送的培训生中绝大部分英语都存在问题，没过 CET4 的占一半以上。这个局面直接导致大量的就业人员不具备直接阅读英文技术文档的能力。

### 人心浮躁

程序员的浮躁往往是由房价决定的。现在的房价高起，北京房价在 7 万元/$m^2$ 左右，海淀学区房轻松上到十几万元/$m^2$。对于程序员这样的高收入群体都无法购买，如图 5-2 所示。

图 5-2　击碎梦想的北京房价

只靠一己之力的话，现在绝大部分的程序员都买不起房子。笔者身边所有买房的朋友都是靠父母、亲戚凑够首付，然后每个月靠工资还贷款。

当一个人被生活所迫的时候，创造力是大大降低的，日子看不到希望，工作起来也不会有太高的兴致。

所以国内的程序员都非常浮躁，沉不下心来做事，对于技术更不会深入研究。软件层面的著名框架（Spring、Django、Rails、Vue.js）几乎没有国人主持开发，这跟国内的程序员数量是完全不匹配的。

## 为什么程序员通常无法精通多个语言或者技术

国内几乎所有的程序员和基层技术经理，都仅仅精通一个技术：

- 要么只精通后端的接口。
- 要么只对 Linux 服务器很精通。
- 要么只对某一种数据库精通。

没有一个全才人员出现的主要原因有以下几点。

### 传统语言过于笨重

大部分程序员都是做传统语言的。编码的时候内心要一直应和着编译器：声明一个变量要知道它的类型，调用某个方法要知道它的参数结构。

笨重的语言，直接导致了代码难以使用、难以开发、难以维护，最关键的问题是没有长时间的积累就无法完全掌握。

- C/C++语言：不写 5~7 年，无法精通。
- Java 语言：比 C 系列简单，但是 SSH 框架没有 2~3 年无法入门，入门了能做的功能也有限。

要命的是一旦使用了这些语言，就仿佛入了泥潭，没办法腾出时间学习其他的知识。Java 程序员往往每天加班加点，却做不了太多的事。一个增/删/改/查的模块需要修改 N 个文件（通常是 1 个 jsp，2 个 XML，3 个 Java 文件）。做 Android 开发的人可能一周才能把某个人脸识别的功能加到项目中，如果是第一次做，恐怕花的时间要乘以 3。

在这样的条件限制下，程序员没办法利用业余时间来学习。

### 使用第三方包也很慢

由于传统语言的笨重，导致了学习第三方工具变成一个特别麻烦的过程。程序员需要了解各种不同形状的积木，找到各种不相干的方法。使用传统语言特别像使用人的小脑工作机制。我们平时所有“琐碎的”生理情况都需要由小脑来控制，例如心跳、呼吸、运动等。如果靠大脑来时刻想着几秒后呼气、几秒后吸气，做人该是多么辛苦。

现实的问题是，所有传统语言的程序员正在面临这种痛苦。例如，我们想吃一口羊肉手抓饭（简化了用勺子的操作），传统语言会这样做：

1. 大脑分析下眼前的米饭，对应函数为 check_the_meal( )。
2. 分析结果是这个东西可以吃，对应函数为 is_the_meal_eatable( )。
3. 抬起胳膊，对应函数为 pickup_my_arm( )。
4. 把手往前伸，对应函数为 move_my_arm_foreward( )。
5. 张开手，对应函数为 open_my_hand( )。
6. 饭抓到手里，手收回来，对应函数为 get_some_rice( )。
7. 把饭放到嘴里，对应函数为 put_rice_into_my_mouth( )。
8. 开始咀嚼，调用类库 MouthTool.start_to_chew( )。

看到没有，传统语言就是如此啰唆。不是你要不要用轮子的问题，而是这种语言太笨重了，做任何事情都要从最细节的地方着手。

这就导致任何传统语言修改起来都特别麻烦、难以修改，而程序员最怕的就是改代码。

## 传统语言与现代语言的对比

像 Java、.NET、C、PHP、Object C 这样的语言需要编译，变量都是强类型，使用麻烦，把它们归类到“传统语言”。

对于国内开始渐渐火爆的一些新语言，比如 Python、JavaScript、Ruby，这些语言往往对程序员更加友好：不需要编译，声明变量时不需要考虑类型，使用贴心。把这种语言归类到“现代语言”。程序员在编程时，大脑中有限的精力不会被浪费在编译器上。

考虑到目前计算机的性能都很高，现代语言的执行速度在大部分领域等同于传统语言在开发效率上的几倍，所以使用现代语言的程序员往往是多才多艺、特别灵动的。现代语言代表是 Ruby。

Ruby 是一种脚本语言，不需要编译，可以直接执行，弱类型，是对程序员很友好的语言，所以每个 Ruby 程序员都可以使用 Java 程序员做同样的事情所花时间的 1/5 来完成。剩下的时间可以拿出来学习其他语言：HTML、CSS、jQuery、Android、Vue.js 以及运维。这样 Ruby 程序员几乎不加班，还很容易找到女朋友。

传统语言的程序员就没那么幸运了，加班是常态，没有时间做其他事情。

## 自有团队

自有团队比较适合资金雄厚的公司。

### 开发初期的费用

2~3 年的 Web 程序员：基本在 10K~15K。

2~3 年的 App 程序员：基本在 10K~15K。

2~3 年的产品经理：基本在 10K~15K。

2~3 年的 UI 设计：10K 以上。

技术经理：30K 起。

这样算来，Web 程序员+iOS+Android+产品经理+UI+技术负责人各一名，每个月工资在 60K~90K。

随着公司的发展，会有更多的人员需要招募，例如测试人员、运维人员、数据统计人员。

### 自有团队的好处

可以招之即来，有需求就用。

比外包团队稳定得多，可以全天候提供支持。

方便交流，大家都在同一办公室工作，对整个项目的把控更加稳定。

### 自建团队的关键

如果自建团队，技术负责人最重要。

可以说技术负责人是一个种子。整个公司管理团队，就这个人最懂技术，技术团队肯定要他来组建。如果这个种子好、能够慧眼识人，那么整个技术团队的质量就会很好。如果这个技术种子滥竽充数，那么这个技术团队往往都会是平庸的人。

因为在招聘的时候，面试官很容易招聘水平低于他的人进来。80 分的人特别容易招进来 70 分的，70 分的人特别容易招进来 60 分的。

### 如何招聘

对于应届生：

- 可以是一张白纸。
- 英语 CET4 分数必须过 430，而且要能进行基本的英语口语对话。英语好，我们就可以很好地培养他。我们用的技术是国外流传很广，但是在国内使用不多的技术，比如 Rails/Titanium，几乎所有的文档都是英文的。英语好，也可以让这个同学遇到问题时更好地通过 Google 解决问题。
- 性格必须开朗。性格开朗，直接关系到整个项目的成败。通过实际的招聘过程，可以发现多子女家庭的孩子普遍更容易相处，独生子女家庭的孩子往往沟通能力不如多子女家庭。

对于社会招生，要求更加严格。除了上述的英语能力、性格外，还要有专业的经验。如果无从判断，有一个方法很靠谱：看他过往留下的技术痕迹。

## 从技术痕迹识人最靠谱

面试仅仅是一面之缘，时间在 10 分钟到一两个小时，根本无法从全面观察这个人的实际经验，所以我们必须通过其他方法来考察他。

对于基层程序员还好，可以直接问一些技术细节：某种语言的某特性怎么用、谈一谈设计模式、重构手法等。对于高级技术领导层（例如 CTO 职位），太底层的问题不太好问，而且往往招聘 CTO 的公司里没人懂技术，没法面试技术。

所以我们需要通过“过去几年的技术痕迹”来考察候选人。最好的办法是：

1. 候选人是否有技术博客。有的话仔细查看博客质量。技术博客直接体现了他的表述能力和他对问题的思考深度（参见第 2 章）。另外，技术博客直接体现了他过去几年的技术痕迹，这些东西完全可以作为面试的补充。

2. 是否有社区的问答记录，例如，Stack Overflow（专门的程序员问答社区）问答记录可以直接看到这个人是否有公益精神、是否热爱程序员这个行业或者他所掌握的语言。Stack Overflow 是英文论坛，如果他能参与到里面的问答，就说明这个人不仅英语够好，还有足够的国际视野。这点对判断这个人是否掌握新技术很有帮助。

3. 是否参与过开源项目，例如 Github 上的项目。参与开源项目，说明了这个人具备三个能力：

- 对于自己的代码足够自信，因为烂代码会被人喷。
- 有胸怀、有公益精神、希望能够帮助到别人。这样的人在技术上才会做大做强。
- 跟其他世界级的程序员有交流。程序员不能敝帚自珍。

上面三条，只要具备任一条，那么这个人 99%的情况下都会非常不错。

## 软件与家装的行业比较

笔者曾经用大半年的时间去专门研究家装，下过工地，读过很多资料，跟业内人士交流，发现家装与软件开发特别像。

### 都有复杂的流程

家装：业主找到公司、设计师交流设计、主材进场、工人施工、验收、交付。

软件：用户找到公司、业务分析师分析需求、架构设计、编写代码、测试、交付。

这个流程最初都没有这么复杂。

家装：工人没有什么文化，让干什么就干什么。

软件：都是手工作坊，一个人从设计到编码都做了。

后来，两种行业都出现了公司（软件外包公司和家装公司），都需要有人专门精通一种业务，所以出现了不同的角色。

家装：谈单师（设计 + 谈单 + 出图）、工长、工人、监理。

软件：UI 设计师、业务分析师、程序员、测试员。

几乎一样。

### 都是工匠行业，跟流程无关

一个事实是，这两个行业都很烂。笔者跟装修行业的良心企业“装小蜜”的创始人王志峰先生交流比较多，听到过这样一种说法：家装公司没有好的。找一个靠谱的就好像翻一筐烂苹果，每个都有烂的，但是没办法，只能找一个相对没那么烂的。

这个结论非常适合软件公司。

为什么家装和软件都难以做好？

软件外包公司有很多，但是没见到有口碑好的。

家装公司，如东易日盛、实创、业之峰，做了十几年，口碑做得好的也不多。

我觉得这两个行业的共同点是：到干活的时候，决定质量的都是人的素质，跟流程无关。这是一个工匠行业。

家装公司是工人、工长，软件公司是程序员、技术经理。

无论流程设计得多么合理、多么严格，但是到实施的时候，第一线的施工者能力不足（代码质量低劣，墙面贴砖歪七扭八），再好的管控、再牛的监理和测试人员也无法给出合格的结果。

而对于能力强的第一线人员，不管外部的管理是否严格，他都能做出令客户满意的产品来。编程高手业余时间做项目很好，而对泥瓦工人也不用什么流程管理。所以对家装公司来说，靠谱的工人/工长很重要。对软件公司来说，经验丰富的技术带头人特别重要。

## 不够透明的因素

我们很难衡量一个软件的工作量。比较常见的方式是“人月”或者“人天”。例如，注册功能 2 人天，消息推送功能 1 人天，但是用户完全无法判断这个估算是否准确。

这个估算的时间是内部一份（给公司核算成本用）、外部一份（给软件客户用），这两种时间肯定是完全不一样的。

对于谈下来的价钱，完全取决于甲方可以给多少。同样的项目，甲方给到乙方的价格是 100 万，乙方可以转手就 20 万外包给第三方。最后这个项目可能被再次以 5 万的成本转包给在校研究生。软件质量根本就无法保证，这个项目往往会失败。

对于家装来说，大部分业主也都不懂装修，看到里面各种主材、辅料、工人的成本核算马上晕菜，而且材料商给内线人员（设计师）的价格，跟给业主的价格完全不一样，回扣可能会达到 20%~50%之多。

施工过程中也存在着各种的不透明，例如隐蔽工程的要价（水电）、多余的辅料和主材的处理等。

回扣行为也广泛存在于家装公司内部成员。例如，设计师的回扣是 3、4、5 的逻辑（公司给的单子回扣是 3%，工长介绍的是 4%，自己弄的单子是 5%）。设计师跟工长勾结，就可以把单子以手工作坊的形式从公司手中拿下来。

再如：各种主材的报价，也都完全不一样。工厂给代理的价格可能是 4 折，而对于用户来说价格就有很大的浮动。而且，现在各种 x88、x99 每平方米装修套餐都是价格不透明的产物。

我们买电脑、内存、显卡、机箱、CPU 这些都是单独报价的，价格非常透明。

笔者认为合理的主材报价应该是用多少就报多少。每项加起来核算，用户心服口服。放在软件行业，最合理的价格应该是“按时收费”，但是由于种种原因，往往变成了“按外包项目收费”。

### 期待变革的步履蹒跚

笔者认识一些家装公司的老板，很有雄心壮志，能切实地做一些事情，奈何市场不成熟，人员素质不行，基础的施工手法没有大的变革。

软件行业也是一样的。整个市场都很乱，各种问题频频出现。大环境不好，每年市场上的好手不多，新手成长得太慢，使用的开发语言都是二三十年前出现的编程语言。

所以都期待变革，但步履蹒跚。

### 需要用户频繁的反馈

我们做家装的时候，一定要每天到现场看一眼：哪块砖贴的不对，哪块墙面不平整。

做软件的时候，甲方一定也要让乙方每周演示一次进度，否则一个不小心就会发现实现的功能跟需求完全不一致。

一定要多碰头，多给出反馈，最后验收的时候才能合格。

### 基层员工水平参差不齐

家装领域最好的泥瓦工来自江苏一带，贴砖非常平整，每块砖都严丝合缝，最后还会描边美化。江苏的泥瓦工在市场上非常抢手。

软件行业也是一样的。同样是毕业两三年，做得好的往往是项目的骨干，一个人就可以负责整个项目。做得不好的则每天混日子，写出来的代码老出 Bug。

## 这是一个不确定的行业

家装行业充满了不透明。例如，看不到某个单品的真实报价：普通顾客去建材实体店买一个沙发，一万元；设计师去买，多说四千元。

软件行业，也充满了不确定性。

- 脑力劳动难于衡量工作量（我们无法说方程一的工作量是方程二的工作量的三倍）。
- 用户的需求是不明确的（软件开发中不变的是需求一直在变化）。
- 外行人对某个技术的细节不了解。哪怕同是技术人员，做移动 App 的也不懂后台服务器的技术，做 Web 的也不懂移动 App 的技术。

处处不明确，到处都是坑。

### 软件工作量难以准确估算

对于新手来说，99%的工作量估算不准确，因为他没有经历过的东西是无法给出估算时间的。在有经验的技术负责人带领下，可以给出时间，但是也不准确。只有经验丰富的老手，对于同样的技术用过了几次，才能给出估算时间。

### 脑力劳动难以衡量

无法从代码量来衡量价值工作量。下面两个例子都是读写文件，Java 用了 13

行，Ruby 只有一行：

<table>
<tr><th>Java 代码例子</th><th>Ruby 代码例子</th></tr>
<tr><td><pre>
    File file = new
File("target_file.txt");
    InputStream in = null;
    try {
    in = new FileInputStream(file);
    int tempbyte;
    while ((tempbyte = in.read()) !=
-1) {
        System.out.write(tempbyte
);
    }
    in.close();
    } catch (IOException e) {
    e.printStackTrace();
   return;
    }
</pre></td><td><pre>
    File.read("target_file.txt
")
</pre></td></tr>
</table>

无法从工作时间来衡量。新手用一天的时间，把代码中 100 处代码给修改了。高手用 10 分钟的时间写一个正则表达式就把事情给做完了。所以只能从工作成果的角度来考量。

## 工作量无法明确衡量

只有亲身经历过的某个技术细节，程序员才能做准确的估算。对于一个本身不熟悉的问题，程序员无法给出准确的时间。

例如，同样是做一个用户注册的需求，用手机/邮箱注册跟用第三方（微信/微博）注册相比，后者的难度就大了不少，不但涉及程序方面的问题，还要做各种账号的申请、填写各种表格、阅读第三方平台的接口。

### 用户的需求是不明确的

甲方：我要把程序插到用户的详情页。

乙方：是要放源代码吗？还是放程序截图？

甲方：我要你把程序插到用户的详情页这个网页上，不是源代码，也不是截图！

乙方：那是什么呢？程序放在电脑里是源代码文件，运行之后会给出结果。

甲方：我对细节不清楚，反正我就要把程序插到用户的详情页中！

在这个例子中，甲方自己都没弄清要什么，更别说正确地把它表达出来了。

## 行业曙光 1：全栈工程师

在软件行业中，不要指望靠流程解决问题，最终要靠人的素质和能力。全栈工程师是软件开发的希望。

### 角色的缘起

受丰田的影响，软件行业中的从业人员，人为地分成若干角色：

- 架构师（项目管理者）
- UI 设计
- 程序员（码农）
- 测试
- 运维
- 产品经理

如果是从产品的角度来看，这些角色需要精简（一个人可以身兼多职）。

### 沟通的成本太高

一个人做项目：不需要与人交流，在沟通上的成本是 0。

两个人做项目：必须两个人互相交流。

根据实际情况来看，一个项目的最佳人选是 4 个人以下，最好是 2~3 个精英。因为划分任务的难度很大：

- 必须做到尽量公平。每个人的任务一样多。如果同样工资和能力的两个人，一个做得多，一个做得少，那么多来几次就会有人离职。
- 必须做到每个人都有事做。好的管理者会让队伍中的每个人每天都忙碌，有事做，时不时打打鸡血。绝对忌讳的情况是：团队的大部分人忙碌，小部分人每天听歌、逛淘宝。
- 必须做好合理的划分。每个子任务之间是可以独立拆分开的，不互相依赖。
- 必须考虑到项目的工期。让擅长的人做擅长的事，或者预先留出学习的时间。

## 不好的流程会催生出坏人

为什么产品经理与程序员的关系一直被人诟病？为什么测试人员跟开发人员容易产生矛盾？为什么运维人员讨厌部署？这些都是流程造成的。

例如，在互联网公司中，程序员的代码上线是需要给运维人员写申请的。过程一般是：

1. 程序员填写好一份部署文档。
2. 程序员把部署文档写邮件给运维人员。
3. 运维人员要求程序员打印出来，签字。
4. 运维人员按照程序员的要求，操作服务器。
5. 运维人员告诉程序员：部署完毕，你快测试看看有没有问题。

所以程序员每做一次部署，都需要：

1. 写一份部署文档。
2. 签字，证明出了问题都是程序员的责任。
3. 给运维的人发邮件，打电话。

做最简单的一个部署，也要两三个小时。运维人员每做一次部署，也仿佛掉了一层皮：

1. 拿到部署文档，按照部署文档的提示，一步步地操作数据库。
2. 由于程序不是运维人员写的，因此他完全不知道服务器变慢是哪里出了问题，以及如何调试。
3. 部署的时候会想：怎么 Python 部署过程跟 Java 部署完全不一样？
4. 出问题的时候会想：怎么你的代码出了问题要我承担责任？

所以出了问题的时候，大家就会互相指责：

- 程序人员：服务器不归我管，是运维没有及时增加服务器数量。
- 运维人员：代码不是我写的，是程序写得不好，测试不完备。
- 测试人员：代码不是我写的，我在上线前一直在加班，人肉测试达不到100%覆盖率。

## 不要把程序员分成后端和前端

Java、iOS、PHP 这样的经典开发语言比较啰唆。Java 程序员通常无法同时掌握多种语言，比如 CSS、JavaScript。所以在十年前，招聘帖子会分成 Web 开发工程师和 HTML 前端工程师。HTML 前端工程师的工作任务是把美工设计的静态网站图片设计成 HTML + CSS + JavaScript 代码。

后来，随着移动端开发的兴起，又有很多人开始参与 Android、iOS 开发。任一门语言的学习都要读厚厚的一本书，所以做 Android、iOS 的人根本无暇学习 Web

端的知识。所以，大家也就接受了这样的观点：必须分成前后端。

Web 开发中的前、后端人员能相处得相安无事，但是 Web 端与 App 端的开发者之间就不友好了，因为很多时候会出现踢皮球的现象。

某个项目开始后，需求定好了，该划分工作了，但是有一个需求放在 App 端可以，放在 Web 端也可以。该怎么办？于是踢皮球的情况就产生了。Web 端人员认为这个东西应该做在 App 端，自己的任务已经够多了。App 端认为应该做在 Web 端，这个事情可以在 Web 端做，为什么就不做呢？

这样的结果往往是：

- 前后端关系相处不好，各种踢皮球。
- 没出问题还好，出了问题互相推诿。几次下来不踢皮球的人发现自己卖力不讨好，“明明不应该我做的事情，我做了，出问题还要我承担责任”，于是也开始踢皮球。
- 工作效率低下。半天可以做好的东西，往往按照一周来估计。
- 产品经理两面不是人，前后端都觉得你为什么非要设计这个功能呢？

## 全栈工程师的特点

全栈工程师就可以解决这个问题。这个角色可以：

- 做 Web 端程序。
- 做 App 端程序。
- 做 HTML/CSS/jQuery 程序。
- 把静态图片切图。
- 做自动化的测试。
- 参与需求，做原型图。

好处是：

- 出了问题不会互相指责，往往问题就是他自己的，有传统的踢皮球的时间早就解决问题了。
- 技术全面。既懂服务器的运维，又懂代码的编写，开发的质量自然就好。
- 解决问题速度特别快。不需要写申请单，不需要跟运维沟通。
- 为公司省钱。一个人顶几个人用。

笔者在过去参与的三家创业公司中采用了这样的方式：团队仅仅由一个项目经理和若干全栈工程师组成。

全栈工程师集开发人员、运维人员、测试人员于一身，既会写移动端代码，又会写服务器端代码，还会部署，极大地减少了沟通的成本，减少了不同角色之间的纠纷，提高了工作效率。

全栈程序员的工作内容是这样的：

1. 项目开始时，先跟产品经理一起把需求确定下来，再参与到定制流程图。需求定好后，自己主动申领任务。

2. 美工做 UI 设计。与此同时，程序员开始工作，开两个调试窗口：App 端是一个，Web 端是一个。先在 App 端写一部分程序，需要接口的时候，再切换到 Web 端的 IDE 中写程序、调试，然后切换回来……

因为要什么接口自己最清楚，不需要沟通立马就可以开动。一个接口往往可以在 15 分钟之内写好。

在每天下班前，程序员提交代码到 Web 服务器，部署，重启服务器使之生效。程序员发布最新的 App 代码到应用商店，或者把它交到产品经理的手中。

产品经理每天早上把测试机的最新代码过一遍，看看其中有哪些 Bug，再记录在 Bug 系统中，然后带领程序员开早会：哪些功能已经实现了，哪些 Bug 已经修改完，还差哪些任务。

这样的团队，只需要：

- 1名产品经理兼测试。
- 2名经验丰富的全栈工程师，最多不超过4名。
- 1名UI设计师。

技术负责人只需要：

- 提供技术支持。
- 出现技术争论时直接拍板。
- 查看当前项目存在哪些问题。

### 实战情况

根据实际情况来看，全栈工程师完全避免了前后端踢皮球的问题，也避免了沟通耗时的问题。哪怕是菜鸟都可以通过避免上述问题而间接提高生产率。

## 有可能产生全栈工程师的技术背景

一般来说，Java、PHP、C 等传统语言背景的人无法发展成全栈工程师，因为他们所使用的语言过于复杂、笨重，很多时候他们是有心无力去学习其他知识的。

全栈工程师比较多的是 Ruby、JavaScript、Python 等新兴语言，这类语言的特点是轻盈、表达力强、简洁。

如何判断某门语言是轻盈的呢？粗略地讲，如果该语言不需要使用过多的设计模式就能工作得很好，那么这门语言就是比较轻盈的。传统语言由于能力限制，才不得不用设计模式。在 Ruby 等具备函数式编程的语言中，可以用更优雅的 block 来取代难以理解的设计模式。

## 行业曙光 2：乙方应该按时间收费

目前来看，对于国内的软件企业的收费标准很难界定，外行认为价格太高、超出预算，内行认为价格太低、没有油水。这是由于国内的行业风气和对甲方的日常教育决定的。

### 绝对不要按照模糊的需求来收费

按需求收费，所有甲方和乙方都不太喜欢，但是甲方容易被忽悠。

某项目，甲方希望做一个商城出来。乙方满口答应，“没问题，我们这方面经验丰富。”

甲乙双方对商城的构想实际上是完全不一样的，甲方的需求中跟 X 宝对标，同时充满了创新和变革。而乙方提供的商城完全是“高仿 X 东商城”的通用型产品，已经定型了，不具备定制化的条件。

签署合同的时候，双方都很高兴，内心是这样想的：

甲方：才五万块钱，太划算了。

乙方：把现有的产品修改个标题和背景色，大约半天时间，太划算了。

结果两周后开始验收，问题来了：

甲方：为什么用户的登录是用邮箱？我希望用国外的 Facebook 账号也能登录。

乙方：你当时没说呀。我们的商城就是这样的。

甲方：为什么会员不能分级成普通会员、高级会员和白金会员？

乙方：你当时没说呀。我们的商城就是这样的。

所以往往甲方不满意，认为乙方是在糊弄他；乙方也不满意，认为甲方区区几万块就想要一个定制化的商城，太天真了。

### 可以按照项目收费

这是所有甲方都喜欢的，所有的甲方都可以用“一句话”来描述自己的项目，然后三连问：能做吗？多少钱？做多久？

现实中乙方也基本是按照整个项目来收费的，几乎所有软件公司签署的合同都是《XX 项目开发合同》。成本往往是由软件公司估算而来的，但是估算成本非常昂贵，越是希望做得精准就越要把需求梳理得更加精细一点。

例如某度假村项目，从最初的一句话“希望可以把下属的度假村分公司的流程和数据放到线上管理”是无法估算的，于是乙方一个月内跟甲方累计五个工作日，面对面地梳理需求，最终得到了细化后的内容：

1. 14 个参与的角色（会计、出纳、度假村经理、采购、厨师长、收银等）。
2. 124 个 PC Web 页面（合计 30 条流程主线）。
3. 35 个手机端 H5 页面。
4. 12 个子系统。

根据这个来估算项目的时间和人力成本就很容易了。乙方公司就可以精准地报价了，甲方也会觉得比较信服。

## 用时间给程序员估价是合理的

有一种乙方的要价方式是比较合理的：根据时间来收费。

国外某著名的软件咨询公司收费的标准是：

- 按照小时收费。每位咨询师的咨询费用 100 美金起。
- 咨询师从出宾馆的时刻开始计费，到回宾馆的时刻停止。
- 咨询师的质量有保证，都是好手，不乏出书立说的行业大牛。

这个计价方式对于乙方是最合理的，对于甲方也是合理的，只是很昂贵。

由于国人已经习惯了“几千元一个网站”，因此这种按时付费的软件服务目前在国内的中小企业中几乎没有市场，只有极少数大企业才请得起。

# 死亡案例

我从业十几年见到过不少失败案例，被捂住的就更多了。下面是笔者总结出来的常见失败原因。

## 一句话需求

笔者第一次长见识是在开创软件公司的第二个月，跟某位艺术品领域的老板谈项目时，对方的需求描述是如图 5-3 所示的一句话需求。在后面谈的近百个项目中也见到过不少这样的需求。

图 5-3　甲方的一句话需求

很多时候，甲方没有提出明确的需求，乙方如果按照自己的想法去做，可能会导致做出来的东西与甲方想要的结果完全不一样。

从深层的意义上说,在甲方还没把自己的需求细化出来时,乙方一定不要开工。

### 超过半年的交付周期

交付周期在半年以上的项目必死。

虽然《人月神话》中提到“超过一年交付的软件项目很危险，超过两年交付的则百分百失败”，但是从目前国内的形势来看，不要超过三个月。理想的情况是每周上一个新版本，时间越短，成功率越高。

现在越来越多的公司提倡“每天至少部署一次”，使用微服务或者微应用，每次只启动该启动的模块，时间控制在 3 秒以内，做到对用户零影响，这样是最理想的状态。

例如，笔者在开发自己的项目时，把一个功能点就看成一个版本。做好一个功能点就部署一次，一个上午可能会部署三次。用户在不知情的情况下，发现页面多出了若干新功能，非常欣慰。

### 不合理的价格

价格过低或过高都不行。

目前北京的程序员是全国最贵的，熟手往往一个月两三万，能干活的门槛薪资水平也要过万，但是开发的周期却非常漫长。

很多甲方往往不会有足够的预算，要完成的需求却不少。市面上没有人会做亏本的生意，所以过低的价值会直接导致乙方不干活。

过高的价格则会不合理。往往这个情况会催生腐败，羊毛出在羊身上，乙方给出多少回扣都要算在项目成本中，最终也会危及项目的开发和整体进度。特别是甲方有内部审计部门的话，甚至会影响到项目的立项。

### 层层转包

某大公司接手到一个 200 万元的项目，转手 50 万元二次转包给了 B 公司。B

公司 10 万元转包给 C 公司。到最后 C 公司用 10 万元的价格做出来的东西，原甲方根本无法接受。

### 不要频繁见面

见面或者沟通的频次一般在每周至少 3 次，这样才能保证有了问题随时发问随时解决。

### 不靠谱的程序员

因为最终干活靠的是程序员。如果程序员不给力，其他事情做得再好也无济于事。

### 异地外包

千万不要高估人的表达能力。因为很多情况下，人是无法把内心的东西光靠说就能表达清楚的。在软件行业中，起码有一大半的从业人员是无法把内心想法真实地表达出来的。

沟通的优先级是：

1. 面对面沟通。

有研究表明，人与人沟通 90%的信息是由视觉传达的，只有 10%才是声音。面对面沟通可以有效地从手势、语气、神态上体会到甲方的需求，也可以在语言无法表达清楚的时候画图表达。

建议任何重要的、容易引起误会的事情都经由面对面沟通来保证效果。

2. 电话沟通。

虽然看不到方式，但是这种沟通可以起到即时反馈的作用，让对方听到自己的语气，沟通效率也很高。

3. 即时聊天（例如微信、QQ 沟通）。

这种沟通方式容易产生误会：无法听到对方的语气，对于玻璃心的人更容易产生误会。在沟通的时候绝对不要开不必要的玩笑，把事情快速说完，避免使用情绪化的词语。

4. 邮件沟通。

邮件沟通的缺点是效率很低，很多事情无法表达清楚，优点是可以存档。建议特别重要的内容要发邮件以备忘。

## 用户不切实际的过高期待

用户常有不切实际的期望，比如花了 10 元钱，却一定要得到 100 元的日报。

## 被人用现成的项目去套

在当今的市场上，就算你花 10 元钱，要求对方给你提供 100 元的软件，对方很可能也会答应的。

为什么呢？因为对方用现成的软件来套用。以商城为例，可以套用的逻辑是：

- 基本功能都有（上架的各种商品、指定价格、支付等）。
- 修改一下标题。
- 再修改一下背景色。

对方认为最多两三天搞定，但是进一步的需求就没法做了。比如：

- 想要增加一个会员系统。
- 为某个商品设置三种价格，即正常价格、会员价格和团购价格。

这些都涉及修改底层架构，甚至需要重新开发，这么低的价格乙方是无法做出来交付的。

## 外行人做的软件公司必死

这是一个门槛很高的行业，不是有客户资源就可以做的。很多朋友说：我有订单，转包出去可能要几十万，不如我自己拉个团队、雇几个人，搞个外包公司。

在市面上的软件外包公司中，十个老板有九个是销售，不懂业务，所以市面上的外包公司一个接一个地死掉。下面每个问题都非常严重：

- 人员不好把控。
- 团队不好管理。
- 团队如何培训、发展？
- 项目如何管控？
- 核心岗位离职了怎么办？
- 需求不明确怎么办？

王老板手头有好几个软件项目要做，每个项目都来自他自己的资源，大的几千万，小的近百万，于是就想自己把项目消化掉。他找来了高学历 CTO，招聘一些程序员，组建一个团队。

他很快就失败了。

### 不要迷信高学历 CTO

高学历不代表实战经验丰富。绝大部分公司的需求还是挺普通的，软件开发根本不需要多高深的知识，基本的算法都有了，除了一些研究性的项目需要一些算法。

国际大学生程序设计竞赛（ACM）大赛第一名的孩子，真正干起活来也是白纸一张。

有实战经验的 CTO 很重要：

- CTO 实战经验不够，很多技术性的东西没有接触过的话，就会直接影响到项目的进一步推进。遇到硬骨头怎么办？卡壳就完了。

- 管理经验不够，无法招人、培训人、为团队保证持续性的战斗力，公司每个月都在养人，都在亏钱，同时项目也做得不好。

### 项目失败很伤人脉

一旦项目失败，项目牵头人就会极度受影响。甲方会觉得花了钱、花了时间，事情还办砸了。所以：

1. 不要随便找个人就当 CTO，被坑没商量。
2. 不要随便组个队就以为有战斗力。没有经过实战检验的团队都叫乌合之众。
3. 不要以为手头有点钱就可以养团队了。技术力量很贵，北京最小规模的技术团队一年也要 150 万。

### 不要迷信海归

海归人员的优势是：英语好、学历高，可能身上有好几个硕士头衔。但是海归也有巨大的劣势：

1. 技术经验非常匮乏。

国内的本科生往往 18 岁上大学，22 岁本科毕业。到国外读研是 1~3 年，博士时间更长。如果在国外工作 2 年，归国年龄往往是 27~30 岁。这样的候选人只有学历，项目经验是一张白纸。项目经验是白纸的人，在笔者看来跟 22 岁的应届生是一样的。

2. 管理团队没有办法。

管理团队是一门艺术，更是一门实践，跟游泳一样。学游泳的第一课是呛水，管理也是一样，没被下属整过、没遇到过刺头就不算管理。国外的环境跟国内截然不同，海归往往处理不好国内的情况，往往是两极分化：大部分的管理过于温和，小部分的管理过于苛责。

3. 容易要大牌、玻璃心。

给人打工的海归容易认为自己有光环，甚至眼睛长在脑门上。虽然素质都很高，但是遇到事情太容易玻璃心，说又不能说，打又不能打。相对来说，国内的二三线本科毕业生就很容易服从管理。

## 不要做人力外派公司

人力外派公司跟猎头公司很相似：左手跟程序员签合同，右手跟用人单位签合同，把自己的员工派遣到第三方公司，如图 5-4 所示。

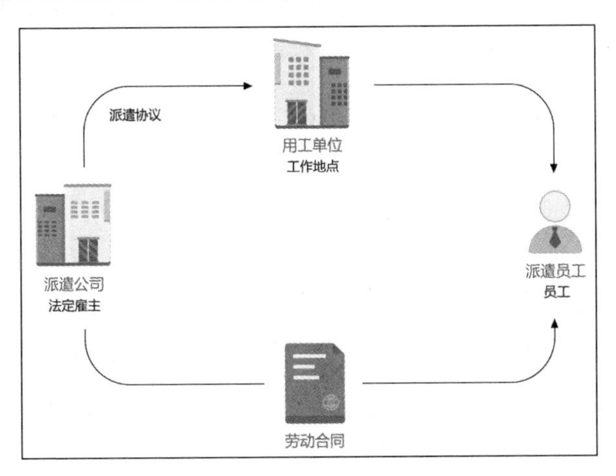


图 5-4　人力外派公司关系图

不少外企很喜欢这样做。外企自己的雇员叫作 Employee，外派的员工往往叫作 Contractor。雇用 Employee 的成本要高不少，而且很多职位雇用 Contractor 更加合适，不必考虑五险一金，不必考虑赔偿费，不需要的时候跟外派公司解除合同就好了。

在这样的情况之下，很多外派公司应运而生，甚至出现了专门为外企员工办理五险一金的公司。

这样的公司虽然甲方比较喜欢，而且能在人力上节省出一定利润，但是往往不好经营，会存在下列的问题。

### 员工的归属感不强

外派员工每天坐在甲方的办公室中，跟甲方的人打交道，也会产生错误：自己的母公司就是甲方公司，而不是人力派遣公司。偶尔回一次母公司反而会觉得奇怪。

遇到节假日，甲方公司一般不会给外派员工发相应福利，除了一些欧美跨国企业。只要稍微有一点不一样，哪怕是工牌上印的 Employee 跟 Contractor，都会让外派员工觉得低人一等。

结果外派员工在两边的公司都缺乏归属感，左边不是娘家，右边不是婆家，结果两边的公司都难以把控。

久而久之，员工容易流失。所以公司对于外派员工，要关心的不仅仅是发工资，还要让他们有归属感。

### 招不到好员工

通常认为，好的人才会进入外企、国内的互联网巨头，其次才是私企，最次才会考虑人力外派。这种没有归属感的公司往往招不到合格的候选人。

而很多时候事情还是要做的，招人是硬指标。所以人力外派公司往往会降低录用门槛，招进来的人通常水平略低。

### 难以直接管理

对于外派公司来说，不知道自己的员工日常做得怎么样，也不知道这个人存在什么问题，只能从甲方公司的负责人口中了解情况，效率低，而且不准确。

## 小心花架子技术负责人

如果项目技术负责人是花架子，这个项目必死无疑。

过去几年，我听到好多家创业公司都经历过这样的事情。创始人一心想做事，结果因为是外行，找技术负责人时首选名企、名校、高学历的人才。

“北大清华最好！”

“最好有微软、甲骨文等大公司的经历！”

“博士学历太棒了！”

要小心了！如果某个老板带着这样的思维方式去找人，找到的技术负责人很可能是一个花架子。花架子的几个特点：

## 实战经验弱

编码年龄可能没超过 3 年。在任何公司的“高管”可能都已经远离一线好多年，也就是好多年不写代码了。

技术负责人最重要的是编码能力！实战经验匮乏是无法在项目中啃骨头、培养团队的，小弟们都会觉得自己的老大是一个摆设。

## 学历大部分很高

博士最容易成为花架子。

在国内 22 岁本科毕业，研究生 25 岁，博士可能要到 30 岁左右。一个本科生用 8 年的时间可能已经熟悉了好几个方向的工作，如 Web 后端三年、Web 前端一年、移动 App 三年、管理好几年，赫然是一个 CTO 的经历。

而高学历的人在学校实验室中不会得到锻炼的机会。实验室中的项目跟外面企业中的项目完全是天上地下，一个是课程设计标准，一个是几亿用户在用的标准。

笔者见到的高学历的人才很少能成长为合格 CTO 的，他们更加适合进入某某研究院这样的部门工作。

## 背景很高大上

花架子的人一般就读的起码是国内前十的名校，海归更甚。就职的公司是微软、甲骨文做背景，要么就是外国企业。

大公司不会培养出全才，只会把每个人都培养成螺丝钉，只能做某一件事情，而且这件事情只在大公司中有。离开了这家公司，到其他公司就做不了了。

例如，某世界500强公司专门生产手机，内部有三种手机操作系统，每种操作系统都有一种独特的职位来做配置。这个职位用到的技术在任何其他公司都用不到，非常冷门。员工没有跳槽机会，离开这家公司就不会有被雇用的机会。

从公司的角度看，每家公司都有自己的商业机密，每个员工都有流失的风险。绝对不能容忍的是核心员工的流失。从组织架构层面解决这个问题的话，就是不要让员工成为全才。本可以一个全才就搞定的事，要找三个专才来做，流失一个没关系，只要三个人不同时走就行。

从员工的角度看，每家大公司提供的待遇都很不错，工资高，福利好，还有各种培训机会。一个人进了大公司往往会工作很久，因为离不开这么优越的环境。

软件开发是生死战场，在刀尖上跳舞。希望每个从业人员都能加强服务意识，负责了项目就要能做成。

## 结论

CTO 或技术负责人是很不好找的，因为技术负责人不行而导致项目失败的例子真的是不少。正在寻找 CTO 的朋友，请务必吸取经验。

# 第 6 章 软件外包公司生存指南

绝大部分想创业的程序员都希望自己开一个软件公司，以实现财富自由。笔者经营了三年的软件公司，具备了不少经验，可以分享给大家。

## 接项目务必慎重

我们要以接项目跟做美容一样的心态来对待问题。项目做好了，大家都好。项目做不好，就像是毁容。

每个软件项目开发费用都价格不低，几十万到上千万都有。项目签署的前提是信任。一旦做不好，波及的人会是：

- 项目的介绍人，往往是甲方和乙方的朋友。
- 甲方的项目负责人。

所以，一旦接了项目就一定要重视、重视再重视，把它当成会引爆的定时炸弹，做不好就会爆炸。绝对不要为了拿项目预付款就什么都无条件答应下来。下面是几个红灯，需要警惕。

### 传统公司的项目不接

传统公司如果之前没有跟外包团队合作过，那么他们对于软件开发的成本、时间以及相关的注意事项都没有任何了解，属于第一次合作，这就需要磨合。

磨合的情况分两种：

- 甲方比较守规则，对于一些问题能够说到做到，这样的情况最好。
- 甲方不守规则（有很大可能），定下的需求文档转头就给推翻，很难打交道。

比如，某甲方公司找到乙方公司，说自己要上一个新平台。于是双方碰面。由于甲方对于自己的需求完全不明确，是典型的“一句话需求”，乙方连续派人用三周的时间来帮忙梳理需求，做原型图。

结果项目签订两周后预付款还没有打过来，后来打过来的款项也远低于预付款项。一个月之后乙方把项目做完了，甲方的老板联系不上了，电话不接，微信不回，人跑外地去了。

这就是一个典型的不守规则的例子。

## 甲方公司存在内部矛盾的项目不接

内部矛盾有很多种：

- 领导层跟基层的矛盾。
- 领导层之间的矛盾。

比较典型的例子是：各种信息化的管理系统（如 CRM、ERP）。很多时候，管理系统是领导层要求基层员工去用这个系统，目的是约束基层员工一切按流程走，为了更好地管理公司，提高生产率。

从基层员工的角度来考虑，一定不希望用上这样的系统。很多岗位都是有灰色收入的，一旦上了信息系统就没法薅羊毛了。

这就是一个很大的问题。作为软件公司，一定要远离这样的项目，否则到时候很可能会发现某个甲方的项目负责人对于这个项目是抗拒的，压根就不想让这个项目上线，这时项目验收就可能会遇到各种想象不到的障碍。

某甲方公司是一家旅游行业，下面有若干连锁度假村，每个度假村都有经理来管理，顶层是老板。该企业面临的问题是度假村每年都亏损，按照常理来思考是不应该的。于是希望能上一套系统，把任何资金的收入和支出都录入系统中进行管理，这样老板就可以随时随地在线查看公司的财务状况，找到资金的窟窿，知道到底亏损在哪里。

于是乙方公司专门派出技术负责人跟甲方一起梳理需求，把整个度假村从上到下几十个参与的角色和几百个功能点都梳理出来。敲定需求，确定合同开工。

几个月后到项目验收时，发现问题：甲方公司的相关员工表面上配合，却在暗地里捣乱，使得项目迟迟通不过验收，并不断地增加新需求，不断地推翻原有功能。

甲方公司的老板对本公司员工非常信任，对乙方公司不信任，导致乙方多做了很多事情，却费力不讨好。到最后乙方据理力争，甲方老板发现问题所在，到最后双方达成谅解，项目终止。

在这个案例中，甲方老板付出了资金，乙方公司付出了人力和时间，最后甲方公司内部问题依旧。

## 管理不规范的公司项目不接

公司的管理不规范体现在：

- 老板可以定价格。
- 财务可以定价格。
- 某个小头目也要掺和谈价格。

这种情况下就不要继续往下谈项目了，后面一定会发生各种各样的隐患。

某项目的合同签订后，甲方公司没有按时打预付款。一查原来是老板的家属不同意，给出巨大的阻力。项目开工后也遇到各种阻力，好几名甲方员工都跟老板沾亲带故，每个都出来指点江山。

## 不守时公司的项目不接

守时是判断一个公司和一个人是否靠谱的重要标准。如果约会迟到，那么他的内心一定是不守时的。这样的公司一定不要合作，因为在整个谈项目的过程当中都会有一系列状况出现：

1. 在谈项目的初期，支付预付款之前都是乙方占据优势的，属于甲方请乙方办事。

2. 到项目的中后期，需要甲方付给乙方中期款的时候，乙方占据劣势，事情已经做好了，甲方往往会拖延验收时间和付款时间。

3. 如果甲方不守时，甚至连预付款都不积极支付，中期款和尾款就更不会积极主动地付款了。要知道，几乎所有的软件外包项目付款都是延后的。正常的甲方会延后，那么对于不守时的公司，他会延后得更加夸张。所以为了省心省力，减少潜在的公司运营损失，这样的项目干脆就不要接了。

在现实生活当中，在管理规范的公司工作过的员工往往都是很守时的。

在某项目中，甲方极不守时，每次约定的开会时间都要迟到一小时，约在八点的，九点半才来；有时候约在本周三，他要下周才发起会议，从没有准时过。乙方经过认真考虑，最终取消了跟甲方的合作。

## 要回扣的项目轻易不接

回扣会让项目变味，理由如下：

明明甲方的某个人是监督的角色，如果收乙方的回扣，那么很容易放水。

当乙方工作进度缓慢的时候，相关的负责人也不好意思来催。

乙方会从自己的利润当中去掉这个回扣。

如果乙方报价比较实在，那么乙方就没有太多的利润。如果乙方报价特别夸张，就会有更大的隐患——软件开发市场价格被弄乱，或者相关人士直接触犯法律。

羊毛出在羊身上，天下没有亏本做买卖的公司，可以认为回扣是对项目的一种伤害。甲方要对项目负责，乙方也不要为了拿单子就降低自己的底线。

### 互联网公司的项目更舒服

从笔者的经验来看，软件公司和互联网公司都是很好的甲方。

这些公司都有自己的软件技术团队，他们跟软件团队打交道有经验，知道需求变更是有代价的，能够从软件开发团队的角度思考问题，不会不计成本、很任性地变更需求。

另外，越是甲方着急用的项目，成功率越高。甲方着急用，验收的时候就不会遇到各种意外。如果甲方不着急用，那么尾款就很难要回。

## 外包公司永远的痛点：要账

资金流是每个公司的命脉。对于一个软件外包企业，面临的痛点从高到低排序：第一是项目风险，第二是要账，第三才是技术。

风险在接项目时务必慎重，前面小节中已经提到了。要账则是一个大问题，几乎所有的甲方公司都会拖欠付款时间。这个痛点几乎是无解的，中国的企业就是没钱。做 B to B（面向企业）的生意永远比做 B to C（面向老百姓）的要难。这里给出几个建议：

### 永远不要跟甲方撕破脸

对于中小型软件企业，项目来源 100%是靠朋友。项目出问题时，即使甲方不给钱，乙方也要认。不要停服务器，绝对不要闹到上法庭的地步，那样，会严重影响其他人与你的合作关系。

### 跟甲方保持好关系

只要关系在，钱就有希望要回来。笔者创业至今，遇到过不少要账的事情。绝大部分都是悬而未决，没有遇到诉诸法庭的情况。

有一种解读：诉诸法庭的话，钱100%要不回来。半年排队，半年上诉，半年打官司，一年执行。时间对于企业是最大的成本，与其拖进打官司的泥潭，不如把精力放在新项目上。

### 要账要找对人

要账要直接找对方老板，不要找对方的财务。找对人才有效果。

某项目交付半年了，甲方还有尾款和部分中期款在拖欠。乙方找人要账，一开始不好意思找甲方老板，结果无论是甲方的项目负责人还是财务，都只口头答应不做事，款项迟迟不到位。

后来乙方相关人员直接找到甲方老板，问题很快就解决了。

## 需求的特点

### 需求一定比想的要复杂

在接项目的时候，几乎所有的需求都是“一句话需求”，很少能遇到可以提供专业需求的甲方，具体见“一句话需求”小节。

乙方要善于引导对方说出自己的需求。很多用户在提出需求的时候，脑子里完全没有概念。想到什么就说什么，往往心里想的是圆，说出来的可能就变成是方的。

对于甲方提出的需求不要乐观，一定要引导对方画出原型图后再确定工作量，进而进行下一步的时间估计和定价。

## 不要使用菜单式报价

图 6-1 所示为不合理的菜单式报价。

| 聊天APP开发报价单 | | | | | |
|---|---|---|---|---|---|
| 委托方： | | | | | 联系人： |
| 方案提供方： | | | | | 联系人： |
| 开户行： | | | | | 银行户名： |
| 项目 | | | | | 整体费用 |
| 1 | UI 设计 | APP模板设计 | | 结合客户需求设计个性化首页 | |
| | | 图片处理 | | 配合客户需求，为客户处理各个图片 | |
| | | 整体功能UI设计 | | 栏目版面设计、布局 | |
| 2 | 安卓前端开发 | 注册/登录（界面） | 登录账号密码 | 英文加数字账号密码登录 | |
| | | | 用户名注册 | 注册窗口：个性账号、设置密码 | |
| | | | 绑定手机号码 | 一个账号绑定一个手机号 | |
| | | | 忘记密码 | 找回密码（发送给绑定手机号） | |
| | | 主界面（底部导航） | 消息 | 即时消息的显示（所有消息包括系统消息） | |
| | | | 联系人 | 好友窗口包括讨论组与好友（可进行好友分组） | |
| | | | 设置 | 账号管理（个人中心）、消息通知设置、关于HeHeHi | |
| | | | +号（添加好友） | 查找用户或热门组 | |
| | | 用户菜单 | 在线状态 | 在线、离线、忙碌、隐身 | |
| | | | 切换用户 | 切换账号密码 | |
| | | | 退出 | 退出登录 | |
| | | 热门小组 | 最新小组 | 后台统计 | |
| | | | 热门小组 | 后台统计 | |
| | | | 个人中心 | 昵称、个性签名、性别、年龄、所在地 | |

图 6-1　不合理的菜单式报价

这个东西害人害己，会产生大量的不一致，验收时产生各种纠纷。

这个报价单完全无法作为验收标准，只是给不懂软件的公司设计的。用来做标准化产品的话，可以是一个收费依据，但是如果是为某一家公司专门做的定制化产品，就一定要以原型图作为验收标准。

不过有意思的是：外行人特别喜欢菜单式报价，因为这样看起来价格一目了然。所以很多情况下甲方会主动索要报价单。

## 需求是一定会变更的

唯一不变的就是变化，所以一定要跟甲方提前说好这个问题。开弓没有回头箭，项目在开动前一定要慎重，避免当前迭代周期内的改动，如果对方有大改动，则必须付出成本。

### 需求不要只增不减

绝对不要让甲方养成不计成本增加需求的习惯，否则会为乙方成功完成项目带来巨大的隐患和麻烦。一旦甲方意识到提需求是不计成本的，那么这个项目可能就没有尽头了。

在甲方提出新需求时，乙方可以客观地说出：

- 这个新需求不在合同中的切实证据。
- 这个新需求需要几个人，干多久。
- 这个新需求需要增加多少钱。

甲方关心的往往是两点：资金成本和时间成本，聪明的甲方肯定会做出取舍。

### 如何识别不可或缺的需求

很多甲方用户在提出需求的时候思路是乱的，大功能、小功能都想要。乙方一定要引导对方，用最少的预算实现最核心的需求。第一期先上一部分功能，用一个月，然后做第二期，再做第三期。

判断最核心需求的方式：把某个需求假设删掉，看看整个系统是否可以运转。如果系统无法运转，就说明这个功能是最核心的需求。

## 软件外包公司的宿命：倒闭或转型

软件外包公司的最终归宿有两个：

- 倒闭。
- 转型做自己的产品。

## 倒闭

大部分的外包公司都会倒闭。倒闭的原因多种多样：

- 项目做完了，做得不好，无法回款。
- 项目一直处于泥潭中，看不到结项（项目完工）的希望。
- 资金链出现问题。
- 遇到行业寒冬，没有项目。
- 人员流失严重，没人消化订单。

前四点很好理解。

对于中小型的软件外包公司来说，每年的 3~4 月份和年底 12 月份到来年 1 月份是项目的高峰期。年初和年底都是公司要做下一步的规划或者动作的时候，所以往往项目很多，特别是在北京。笔者公司在每年的这两个阶段都特别忙，可能每周都有好几个项目在洽谈。

每年的 7 月份左右最难熬，没有太多项目，又要交房租，每次交半年费用，这是很大的负担。

上面所列的第 5 点是外包行业事实上的痛点。

很多软件外包公司老板其实是销售出身。小王认识很多朋友，不少朋友有做定制化软件的需求，于是小王从中间牵线搭桥，左手介绍项目给甲方，右手介绍项目给乙方。

由于软件外包比较贵，每个项目一般都要几十万或者上百万，小王不禁想：为什么我不自己组建一个团队呢？于是申请公司执照，招兵买马组建了公司。

成立公司后发现：自己对于公司的程序员没有良好的领导能力。小王自己不懂技术，想消化一个订单的时候总要拉上技术人员去谈。当项目遇到硬骨头停滞时，小王也问不出问题所在以及解决办法。最后，随着项目交付日期的临近，项目压力越来越大，索性有员工开始欺骗小王，本可以三天搞定的事情，下面的人说还需要一个月。小王不懂技术，也无法反驳。

随着各种问题的出现（具体的问题在“软件公司的老板特点”章节中有具体阐述），项目告吹，小王的公司也倒闭了，团队人员最后两个月的工资也没发。

### 转型做产品

外包是给他人做嫁衣，贱卖劳动力，所以转型做产品是更好的选择。

这类公司往往是技术实力中上，可以很好地实现相关的技术，关键看老板对于产品方向的定位和把握。

## 软件公司老板的特点

在软件公司中，大部分老板都不是技术人员，而是销售出身，觉得自己可以拿到项目，觉得软件项目钱不少，外包给别人不划算，不如自己成立一个软件项目组，招兵买马自己干。

传统的做事思维是这样的，不过绝对不建议在软件开发领域这样做。

不懂技术的老板会面临这样几个痛点：招不到靠谱员工，留不住人。

### 招不到靠谱员工

程序员的质量是参差不齐的。两个程序员的工资一样并不代表技术水平一样，能力可能会差三五倍甚至更多。

招人的时候如果老板不懂技术，那么他就完全没有办法来评估候选人的技术实力，能做的只是把对方招进来，然后给对方一两个月的时间来考察，做得好的话就留下。

但是这一两个月的时间对于初创公司来说是特别宝贵的，只有一次机会，根本没有办法让候选人来试错。往往招聘的时候，跟候选人的对话是这样的：

BOSS：你会编程吗？

候选人：会，非常会。

BOSS：你可以组织团队吗？

候选人：没问题，我可以的。

BOSS：……（不知道接下来问什么了，正常的流程是开始问专业问题。）。

总之，不懂技术的老板的问题基本都跟技术无关。候选人只要简单地回答“我会、我能、我行”，这个 offer 就妥妥地拿下了。

而候选人为了生计，面对不懂技术的老板，在绝大部分情况下也会过于乐观地做出肯定回答。

所以项目往往在三五个月之后停滞、垮掉。

### 留不住人

即使这个老板有幸招到几个不错的员工，也无法把人留得长久。不懂技术的老板无法营造出技术氛围，员工会觉得自己身边没有基础土壤，没有办法成长，人员很容易就会流失。

流失的时间往往在半年左右。

### 解决办法

销售人员不要做软件公司老板，组建团队招兵买马折腾一圈下来，项目没做完，预付款都搭进去了。但是团队的工资是月月要发的，算下来自己还要亏不少。要知道项目一旦启动就不能停，必须做完。这样的日子持续几个月会特别难受。

要发挥自己的优势，直接做一个金牌销售人员就好了。自己日子过得轻松，收益也不错。